제주도 지질여행

한국지질자원연구원: 305-350 대전광역시 유성구 과학로 124 (www.kigam.re.kr)
제주발전연구원: 690-162 제주특별자치도 제주시 아연로 253 (www.jdi.re.kr)

공동저자: 박기화, 김용제, 권창우, 하규철 (한국지질자원연구원)
박원배 (제주발전연구원)
고기원 (제주특별자치도개발공사 물산업연구센터)
박준범 (미육군극동공병단)
사진제공: 제주특별자치도, 제주관광공사, 제주돌문화원, (주)한림공원
편 집: 티엔디(042-823-0413) (구, 로뎀디자인연구소)
펴 낸 일: 2013년 6월 30일 (개정판 1쇄)
2019년 3월 4일 (개정판 2쇄)

Experience the Geological Splendor of Jeju Island : The Visitor's Guide

제주도 지질여행

KIGAM 한국지질자원연구원

JDI 제주발전연구원

책을 내면서...

돌, 바람, 여자가 많다하여 '삼다도(三多島)'라 불러왔던 섬.

고려시대 삼별초 항쟁과 더불어 조선시대 많은 정객과 학자들의 유배지가 되었던 섬, 제주도. 이처럼, 제주도는 오랜 세월 동안 사람이 살기 어려운 변방의 섬으로 인식되어 왔다.

그러나 2000년대에 들어오면서, 제주도는 세계의 보물섬으로 떠오르고 있다. 제주도의 지질과 자연생태계가 비로서 그 진가를 발휘하고 있는 것이다. 유네스코(UNESCO)에 의해 생물권보전지역(2002), 세계자연유산(2007), 세계지질공원(2010)으로 지정되었을 뿐 아니라, 세계 7대 자연경관(2011)으로도 선정되었다. 이들 모두 제주도 지질자원의 독특성과 유일성, 그리고 학술적 가치가 높이 평가되었기에 가능한 것 이었다. 또한, 이 같은 평가는 여러 전문가들의 헌신적인 조사·연구가 없었다면 불가능한 일이었다. 특히, '제주도 지질여행' 초판을 발간하여 지질자원의 숨은 가치를 발굴하는데 선구적 역할을 하신 고박기화 박사님의 헌신과 남다른 열정은 후배들의 귀감이다.

2003년 '제주도 지질여행' 초판이 발간된 후, '제주올레' 열풍과 더불어 오름 트레킹을 즐기는 방문객들이 크게 늘어나면서 제주도의 지질에 관한 일반인들의 관심도 부쩍 높아지고 있다. 한국지질자원연구원과 제주발전연구원에서는 지난 10여 년 동안 수행된 제주도 지질에 대한 조사·연구의 성과를 반영한 개정판을 발간하였다. 아무쪼록 이 개정판이 제주도를 찾는 국내외 방문객들의 제주도 지질자원에 대한 호기심을 채워주고, 지질현상을 올바르게 이해할 수 있는 좋은 벗이 되어 주길 기대한다.

살아있는 지구 제주도 지질

제주도 지질여행

제주도 지질여행

▲ 인공위성에서 본 제주도

살아있는 지구

화산을 지하에 있는 신이 분노하거나 싸움을 하여 불을 뿜어내는 것으로 믿었던 옛날에도 지구는 살아 있는 것으로 생각했던 것 같다. 지구는 어떤 모습이며, 지구내부에서는 무슨 일이 일어나고 있어서 화산이 폭발하게 되는지 알아보기로 하자. 바다 한 가운데에 화산이 폭발하여 제주도를 만들게 된 것도 살아 있는 지구가 만든 위대한 작품임을 알게 될 것이다.

순환하는 지구 내부

지구를 반으로 쪼개면 어떤 모습일까? 신기하게도 사과를 반으로 자른 단면과 비슷하다. 지구 중심부에는 사과씨가 차지하고 있는 부분에 해당하는 핵이 있고, 핵과 지구 표면(지각) 사이에는 사과 속살이라 할 수 있는 맨틀이 있다. 지각(지표)은 사과 껍질에 비유할 수 있는데, 사과 껍질이 얇은 것처럼 지각의 두께는 지구 반지름의 1/100~1/1000에 지나지 않는다.

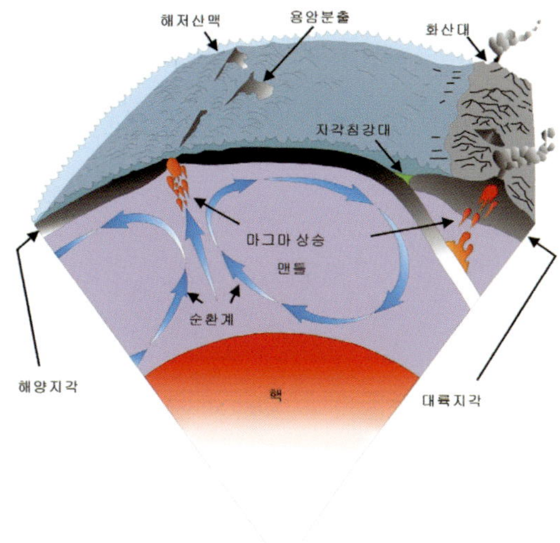

지구 내부로 가면 갈수록 온도는 높아지며, 암석은 서서히 물렁물렁해지다가 결국은 녹게 된다. 지구 중심부 핵은 온도가 5,000℃나 된다. 이 과정에서 맨틀 물질이 상승하는 지점에 굴뚝 모양으로 좁은 통로를 만들어 분출하게 되면 이를 열점(Hot Spot)이라 한다. 맨틀은 초염기성 암석(주로 감람석과 휘석으로 구성된 암석)으로 구성되어 있으며, 화산이 폭발할 때 용암과 함께 섞여 나오기도 한다.

▲ 지각 하부에 있는 맨틀은 순환하며, 이 때문에 지각은 여러 개의 판으로 쪼개져 움직이고 있다. 맨틀대류에 의해 판이 벌어지는 곳에서는 현무암 분출이 일어나 해저산맥을 형성하고, 판이 부딪치는 곳에서는 해양지각이 대륙지각 밑으로 밀려 들어가면서 암석이 녹아 마그마가 만들어 지고 화산분출이 일어나게 된다.

조각으로 구성된 지각

지구의 표면은, 대륙지각과 해양지각으로 구분된다. 그리고 지각과 그 밑에 고체 상태의 맨 최상부를 합쳐 암권이라 한다.

암권은 맨틀의 대류에 의해 12~14개의 크고 작은 판 조각으로 쪼개져 있고, 개개의 판들은 맨틀 위에 떠서 움직이면서 서로 멀어지기도 하고 충돌하기도 한다. 판과 판이 벌어지는 곳은 대부분 바다 속에 있으며, 이 곳에는 현무암이 분출하여 만든 해저산맥이 있다. 판과 판이 만나면 상대적으로 무거운 해양지각은 대륙지각의 하부로 밀려들어가는데, 이 때 지각이 깨지면서 지진이 발생하기도 하고 암석이 녹아 마그마를 만들어 화산활동이 일어나기도 한다.

북아메리카와 남아메리카의 서쪽 해안, 뉴질랜드, 인도네시아, 필리핀, 대만, 일본, 캄차카, 알라스카는 판과 판이 충돌하는 지역으로 지진과 화산활동이 빈번히 일어난다. 태평양을 가운데에 두고 고리 모양을 이루고 있다 하여 환태평양 조산대(지진대-화산대)라 부른다. 태평양판은 1년에 약 8 cm씩 서쪽으로 이동하여 우리나라가 속해 있는 유라시아판과 만나 일본 동측에 심해를 이루며 침강하고 있다.

▲ 제주도 암석에 들어 있는 초염기성 암편. 맨틀에서 기원된 노란색의 감람석 암편이 현무암에 종종 산출되는 것으로 보아 제주도의 화산활동은 맨틀의 깊은 곳에서 만들어진 마그마가 일으킨 것임을 알 수 있다. (33° 23′ 15.8″/126° 53′ 27.6″)

마그마

마그마(magma)는 지하의 암석이 녹아 있는 것이며, 이 마그마가 지표로 분출하면 용암(lava)이라 한다. 액체 상태인 마그마는 고체로 이루어진 주변과 균형을 이루기 위해 상승하게 된다. 지진파 탐사에 의하면 마그마가 주변 암석과 균형을 이루는 지점까지 도달하는 데는 수 개월이 걸리는 것으로 알려져 있다. 상승을 멈춘 뒤 마그마와 지표 사이에 단층과 같은 선상의 틈이 생기면 폭발하게 된다. 이를 열하분출이라 하며 그 길이가 수 십 km에 이르기도 한다. 분출 초기에는 휘발성분이 주로 폭발하는 화산활동이 일어나게 되고, 휘발성분이 소진된 뒤에는 용암분출 형태로 변하게 된다. 휘발성분과 용암을 분출한 구조선에서 좁은 부분은 용암이 급히 굳어 암맥으로 되고, 넓은 부분은 분출과 폭발이 계속 일어나 화산체를 형성하게 된다. 이러한 결과 화산체는 선상으로 배열되어 나타나게 되는데, 완두콩 콩깍지를 반으로 펴면 콩이 나란히 정렬된 모양과 유사하다.

지하 깊은 곳에서 만들어진 마그마에는 2~8%의 휘발성분이 들어 있는데, 높은 압력에서 휘발성분은 마그마 속에 혼합되어 있다가 압력이 낮아지면 분리되어 농집된다. 이러한 현상은 탄산음료의 뚜껑을 따면 눈에 보이지 않던 탄산가스가 분리되어 거품으로 나오거나 작은 공기방울로 튀어나오는 현상과 유사하다.

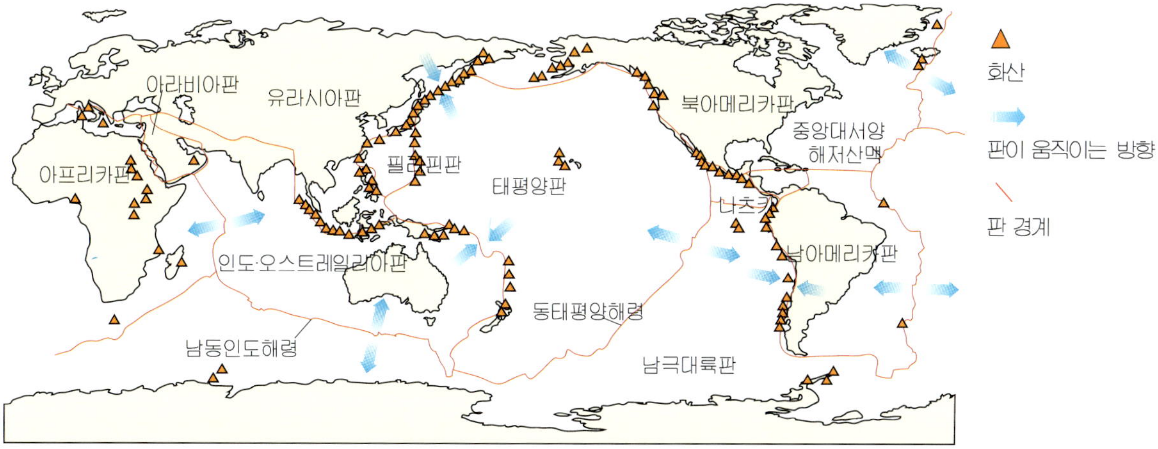

▲ 지각은 대략 12~14개의 판으로 이루어져 있다. 이들 판은 각기 다른 방향으로 움직이며 서로 멀어지기도 하고 충돌하기도 한다. 판이 벌어지고 만나는 지역에 화산과 지진이 빈번하게 일어난다.

휘발성분이 용암에서 미처 빠져나가지 못하고 굳게 되면 암석 속에 작은 구멍을 이루게 되는데, 이를 기공이라 한다. 제주도에 분포한 암석에서 관찰되는 많은 기공은 용암이 굳을 때 휘발성분이 빠져나가지 못하고 암석 내에 포획되어 있던 자리이다.

화산분출의 여러 형태

화산분출 양상은 화산의 지구조적 위치와 마그마의 화학성분, 온도, 휘발성분의 함량에 따른 물리적 특성에 따라 다르게 나타난다. 제주도는 높은 온도의 현무암질 마그마에서 유래된 화산활동에 의해 만들어진 섬으로, 다양한 화산분출 형태를 관찰할 수 있는 좋은 자연 학습장이다.

제주도의 화산암은 비폭발적인 하와이형 용암분출(Hawaiian lava effusion), 마그마의 휘발성분이 폭발하여 분출한 화산쇄설물이 분석구(scoria cone)를 만드는 스트롬볼리형 분출(Strombolian eruption), 그리고 마그마가 지하수 혹은 외부 기원 물과 만나 매우 격렬한 큰 폭발을 일으켜 분출한 화산쇄설물이 응회구(tuff cone), 응회환(tuff ring) 및 마르(maar)를 형성한 수증기를 다량 함유한 마그마성 분출(phreatomagmatic eruption)의 산물로 구성되어 있다.

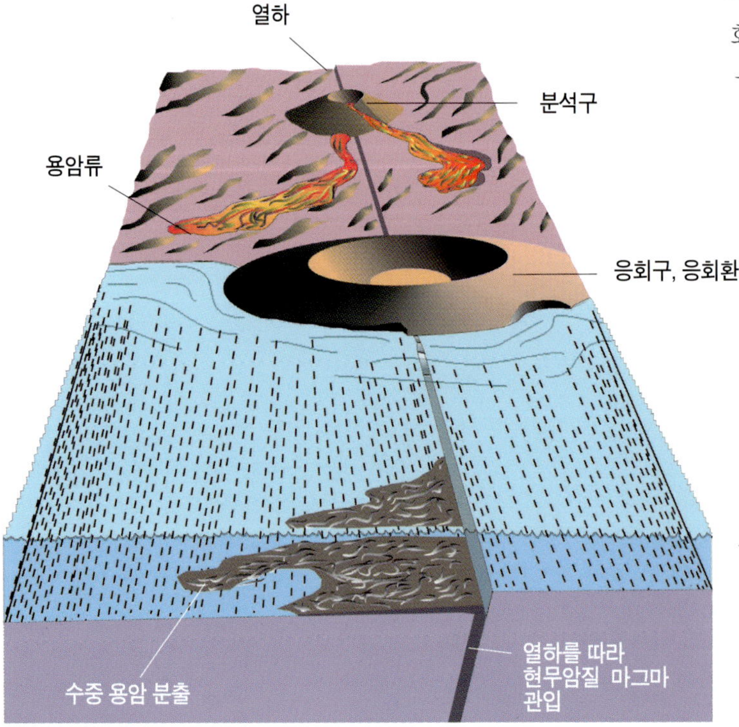

◀ 주변의 환경에 따라 분출 양상과 분출물이 다르게 된다. 마그마는 열하를 따라 용암으로 흘러 나오기도 하며, 물이 있는 환경에서는 응회환이나 응회구를 형성하기도 한다.

하와이형 용암분출

현무암질 용암은 폴리네시안 언어에서 유래된 파호이호이(Pahoehoe) 용암 혹은 아아(Aa) 용암으로 구분된다. 이들 용암의 형성은 마그마의 화학 성분상 차이에 의한 것이라기 보다는, 용암 분출 당시의 온도, 점성, 유속 등과 같은 물리적 조건 및 탈기체화(degassing)에 수반된 변화, 그리고 지표면 경사 등에 의해 좌우된다. 하와이섬의 사례에서 보면, 아아 용암은 비교적 활발한 마그마 공급(〉5~10 m^3/s)으로부터 많은 양의 용암이 격렬하게 분출할 경우 만들어지는 반면, 파호이호이 용암은 아아 용암보다 적은 양(〈5~10 m^3/s)의 마그마가 조용하고 일정한 속도로 분출하는 경우에 만들어진다.

파호이호이 용암은 표면이 유리질과 같이 반짝이고 매끄러우며, 용암단위의 상하부에 집중된 기공은 대부분 둥근 형태를 지닌다. 용암단위의 위치(겉과 속)에 따라 서로 다른 냉각도와 이에 따른 유속 차이에 의해 표면에는 새끼줄 구조가 형성되고, 용암 내부에는 용암관 혹은 용암동굴이 발달하는 것이 특징이며, 대개 1~3 m 두께(드물게 최대 20 m)의 용암단위를 지닌다. 파호이호이 용암은 용암관 혹은 용암동굴 시스템을 통해 냉각이 덜 된 상태로 장거리를 운반, 이동하게 된다. 또한 공기와 접하여 고화된 용암의 외부와 달리 여전히 뜨거운 상태의 용암(멜트)이 계속 공급되면 상부 표면부가 들어올려지는 부풀어짐 현상도 생긴다. 이로 인해 투물러스(tumulus), 압력능(pressure ridge),

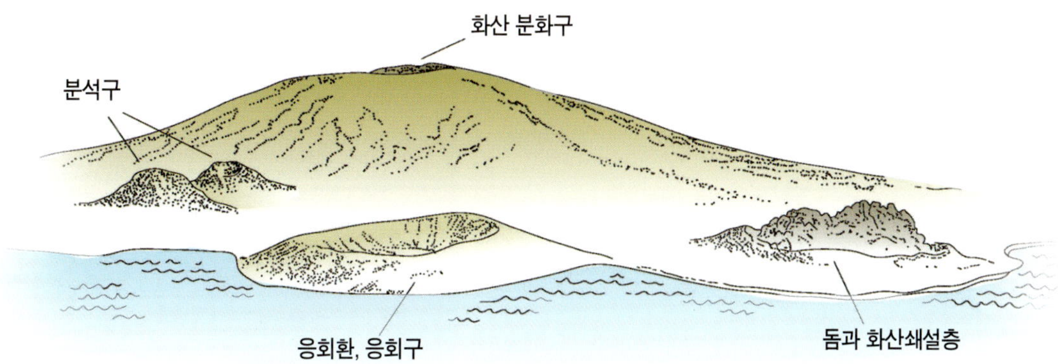

▲ 제주도에는 360여개의 오름이 분포하는데, 오름은 분석구, 응회환, 응회구, 용암돔을 모두 포함한 용어이다.

▲ 파호이호이 용암과 아아 용암이 만든 암석 비교. 왼쪽 사진들은 파호이호이 용암, 오른 쪽은 아아 용암이 만든 암석으로 맨 위 사진은 지표에 나타난 현상, 중간은 표면에 나타난 현상이다. 맨 아래 사진은 단면에서 보이는 양상으로 파호이호이 용암은 얇고 기공이 많은 반면, 아아 용암은 기공이 적고 표면에 클링커를 갖고 있다.

용암함몰지(lava pit) 등의 지형이 만들어지기도 하며, 유동하는 용암 전면에 둥글 둥글한 돌출부(lobes)가 서로 중첩되어 울퉁불퉁한 작은 언덕 지형이 형성되기도 한다. 파호이호이 용암이 낮은 지형으로 흘러 들어오면 용암호(lava pond)를 만들고, 이에 고인 용암은 작은 충격에도 쉽게 출렁거려 용암 표면이 커다란 판 조각으로 갈라지기도 한다. 이 용암이 굳으면 넓은 평지를 형성하게 되는데, 이를 제주도에서는 '빌레' 라 부른다.

아아 용암은 용광로 슬래그처럼 표면이 거칠고 암괴와 같은 형태의 클링커를 지닌 용암류로서 대개 상하부 경계가 불규칙하며, 산화로 인해 적색을 띠는 클링커층을 형성하고, 중앙부는 비교적 치밀한 용암 상태를 이루는 것이 특징인데, 3~20 m의 두꺼운 용암단위를 이룬다. 이러한 클링커는 아아 용암의 겉표면이 물리적 성질의 변화에 의해 스스로 파쇄되어 만들어지는 것으로 용암이 유동함에 따라 상부에서 하부로 마치 무한궤도식 차량의 벨트가 움직이는 것과 같이 이동된다. 아아 용암 표면의 기공은 대부분 찌그러진 형태를 지니며, 주로 용암수로(channel)를 통해 운반, 이동된다. 용암수로의 형태는 분출구와 가까운 곳에서는 좁고, 용암의 이동시 가장자리 부분이 먼저 냉각, 응축, 고화되어 생긴 암괴나 암설에 의해 재방을 만들지만, 용암의 선단부에서는 넓고 재방을 이루지 않은 두꺼운 용암단위를 이룬다. 아아 용암의 용암수로내에서도 드물게 용암관 혹은 용암동굴이 형성될 수 있다. 이러한 아아 용암의 석판과 석판 사이가 벌어지거나 혹은 클링커가 제거되어 마치 동굴을 연상케 할 정도의 공간도 만들어지게 된다.

한편, 용암 분출시 용암 분출량의 미묘한 변화와 용암이 흘러가는 동안 변화되는 점성과 용암 내부의 혼란(결정화도 등), 그리고 지형 경사도의 변화에 의해 용암의 형태가 변화되기도 한다. 용암류가 분출지 주변에서는 파호이호이 용암으로 매끄러운 표면을 보이나, 멀리 흘러가면서 아아 용암으로 성질이 바뀌는 경우가 흔히 관찰되는데 비해, 아아 용암이 용암수로를 따라 이동되어 경사가 완만한 지역에 도달하게 되면 파호이호이 용암으로 전이되기도 한다. 이러한 점은 아아 용암 분포지내에서 국지적으로는 파호이호이 용암 지형에서 볼 수 있는 '빌레' 지형도 있을 수 있음을 지시한다.

스트롬볼리형 분출

지상의 화구(vent)와 연결된 화도(conduit)를 따라 상승하던 마그마는 휘발성분이 증가하는 곳에서 폭발 형태로 변하게 된다. 마그마에 함유된 휘발성분은 압력이 낮은 환경에서는 마그마 속에 있던 휘발성분이 분리되어 맥주 속에 있던 이산화탄소가 맥주병의 상부에 거품을 이루는 현상과 같이 마그마의 상부에 높은 압력으로 농집된다. 가스가 농집된 부분이 폭발에 의해 지표에 나오면 부석(pumice) 또는 분석(scoria)이라고 하는 암석 파편이 만들어진다.

부석은 조면암질이나 유문암질에서 형성된 것으로 하얀 색에 가깝고 기공이 많고 가벼워 물에 뜨는데 반해, 현무암질 마그마에서 유래한 분석은 검은 색을 띠고 부석에 비해 기공이 적고 무거워서 물에 가라앉는다. 분석구를 이루는 분석들은 서로 성글게 엉켜있어 손으로도 쉽게 캐낼 수 있다. 제주도에서 송이라 부르는 암석 파편은 대부분이 스코리아에 해당한다.

용암 분출이 휘발성분을 주로 하는 폭발성 화산활동으로 변하면 콩알에서 주먹 크기의 검은 색의 분석으로 이루어진 산체를 만들게 되는데 이를 분석구라 한다. 분석구를 형성하는 폭발은 불기둥 높이가 대략 500 m에 이르며, 이런 분출 양상은 이탈리아에 있는 스트롬볼리 화산의 분출 양상에서 이름을 따 스트롬볼리형 분출이라 한다.

▲ 붉은색과 검은색을 띤 분석(스코리아)

대부분의 분석구는 한번의 화산활동 기간을 거치면 마그마가 굳어 화도를 막게되어 화산으로서의 일생을 마치게 된다. 화산활동이 끝난 뒤에도 상당 기간 하부에서 열이 공급되는데, 이러한 열에 의해 분석은 산화되어 붉은 색을 띠게 된다. 분석구에 따라서는 붉은 색의 분석과 검은 색의 분석이 함께 산출되기도 한다.

수성화산 활동

마그마나 용암이 물과 만나면 급히 식고 물은 끓게 되는데, 이런 냉각과 가열반응은 매우 격렬하게 일어나 수증기를 다량 함유한 큰 폭발을 일으키게 된다. 이를 수증기-마그마성 분출 혹은 수성화산활동이라 한다. 고온의 마그마(또는 용암)가 차가운 물을 만나면 마그마는 작은 반투명한 유리조각 알갱이로 깨지게 되는데, 이러한 현상은 뜨거운 유리컵을 찬물에 넣으면 유리컵이 깨지는 현상과 동일하다.

작은 알갱이와 수증기로 혼합된 분출은 비교적 강렬하여 화산쇄설물은 멀리까지 운반되어 퇴적된다. 이러한 과정을 거쳐 형성된 오름을 응회구 혹은 응회환이라 한다. 응회구는 성산일출봉과 같이 높이가 수 백 m에 달하며 응회환은 높이가 수 십 m에 이른다. 송악산과 수월봉은 응회환에 해당된다.

수성화산 분출에 의해 형성된 응회암은 층리가 형성되어 있어서 일견 퇴적암처럼 보이기도 한다. 응회암을 구성하고 있는 유리질 파편들은 물리적 성질이 불안정하며, 수증기를 흡수하여 안정화되면서 부피가 증가하기 때문에 짧은 시간에도 쉽게 단단한 암석이 된다.

단성화산

제주도에는 '오름'이라 불리는 작은 화산체가 산재하는데, 오름은 주변 지형에 비해 뚜렷이 솟아올라 봉긋한 지형을 가르키는 제주어로서 '악', '봉', '산'으로도 불린다. 이러한 소화산체는 주로 규모가 큰 순상화산 또는 성층화산의 주화도(main conduit)의 측방 이동, 열극을 따라 만들어진 화산이란 의미에서 기생화산(parasitic volcano)이라 흔히 불리었다. 그러나 최근의 연구는 이들이 순상화산과 성층화산의 사면 분화(flank eruption) 활동과 관계없이, 현무암질 화산지대에서 독립적인 화산체로서도 만들어질 수 있으므로, 각각 단일 마그마의 분화에 의한 화산활동으로 만들어진 화산체라는 의미에서 단성화산(monogenetic volcano)이라 한다.

단성화산에 해당하는 368개의 오름은 대부분 분석구이며, 그외 응회구, 응회환, 마르(maar), 방패형 화산 및 용암돔(종상화산 혹은 원정구)으로 구성된다. 화구로 부터 분출한 분석(스코리아)이 쌓여 원추형을 이루는 분석구는 꼭대기에 지름이 100 m 정도에 이르는 분화구(제주어로는 "굼부리"라고도 함)가 있으며, 때로는 이후 분출한 용암에 의해 분석구의 일부가 파괴되어 다양한 형태의 외형을 지니게 된다. 마그마와 물이 만나 형성된 응회환과 응회구는 산 정상에 지름이 수 백 m에 이르는 분화구가 형성되기도 한다. 용암이 분출하여 작은 규모의 방패형 화산을 형성하기도 하는데, 이에 해당하는 오름은 제주도에서는 모슬봉이 그 대표적인 사례이다. 마그마 안에 있는 가스나 수증기의 폭발적 분출로 인해 원형의 작은 분화구가 만들어지고, 이후 화구호(crater lake)가 만들어지는 것을 마르(또는 폭렬공)라 한다. 하논 분화구는 대표적 예이다. 점성이 높은 조면암질 용암의 경우 분화구에서 멀리 흐르지 못하고 그 주변부에 계속 축적이 되어 용암돔을 만들게 되는데, 산방산, 영실, 백록담 등이 그 예에 해당한다. 한편, 용암을 분출하는 화산활동 중에 하부에 있던 마그마가 다른 통로로 빠져 나가게 되면 지름이 수 백 m에 이르고 깊이가 수 십 내지는 수 백 m에 이르는 수직 함몰이 일어나게 된다. 이를 함몰분화구(pit crater)라 하는데, 대표적인 예가 산굼부리이다. 함몰분화구는 가파른 절벽에서 떨어져 나온 암편들이 분화구 바닥에 쌓이게 되거나, 용암으로 채워져 용암호를 만들기도 한다.

▲ 다양한 성인과 형태를 지닌 제주오름. 위: 한라산 방향, 아래: 일출봉 방향

제주도 지질

제주도

제주도는 한반도에서 남쪽으로 약 90 km 떨어진 곳에 위치하며, 한라산(해발 1,950 m)을 중심으로 남남서-북북동의 장축(약 73 km)과 약 41 km의 폭을 지닌 타원형의 본섬과 8개의 유인도로 이루어져 있다. 제주도의 면적은 1,847 km^2 으로, 휴양지로 유명한 화산섬인 태평양의 하와이섬(Big Island)과 대서양의 테너리페 카나리섬(Tenerife Canary Island)의 면적에 비해 각각 18%, 90%의 크기이다.

제주도는 비록 바다에 의해 둘러쌓여 있지만 대륙붕위에서 이루어진 대륙지각내 화산활동(continental intraplate volcanism)에 의해 만들어진 화산섬이기 때문에, 그 지질학적인 특징은 울릉도, 독도, 그리고 다른 해양 화산도(예, 하와이섬)와는 근본적인 차이를 지닌다.

제주도 중앙부에는 한라산이 있고 368 개의 오름이 섬 전체에 고루 분포해 있다. 한라산 정상의 백록담은 화구로서 지름이 575 m이고 깊이가 100 m이다. 제주도는 동북동 방향으로 신장된 타원형의 형태를 이루며, 한라산을 정점으로 가운데가 볼록한 형태를 하고 있다. 제주도를 멀리서 보면 서쪽과 동쪽은 완만하고, 한라산에서 제주시와 서귀포시 쪽으로는 험준하다. 서쪽과 동쪽의 완만한 저지대 지역에는 파호이호이 용암이 굳어서 된 암석이, 북쪽과 남쪽 지역에는 아아 용암이 굳어서 된 암석이 주로 분포한다.

제주도에는 용암분출에 의해 형성된 화산암과 화산폭발에 의해 형성된 화산쇄설암(혹은 응회암)이 있으며, 용암과 용암 사이에 퇴적층도 나타난다. 시추조사에 의하면 제주도 동부는 해수면 하부로 150 m까지, 서부 지역은 해수면 하부 50~70 m까지 용암이 분포하고 있고, 그 밑으로는 서귀포층과 U층(Unconsolidated Formation)이, 더 깊은 곳에는 중생대 화산암과 화강암이 기반암으로 분포하고 있다.

화산암은 암석의 성분 분석을 통해 얻어진 실리카와 알칼리 조성의 함량에 따라 명명하게 된다. 제주도의 용암류는 알칼리현무암-조면현무암-현무암질 조면안산암-조면안산암-조면암의 알칼리 계열의 암류와 전이

▶ 동일 축적으로 나타낸 Landsat-7 위성 영상. 위에서 부터 제주도, 하와이(섬), 테너리페 카다리섬

질(transitional) 현무암과 비알칼리암류인 톨레이아이트질(tholeiitic) 현무암과 톨레이아이트질 안산암의 조성을 가진다. 즉, 제주도를 구성하는 화산암의 조성은 상당히 다양하다. 한편, 동부와 서부 지역의 용암류는 남부 및 북부 지역에 비해 전이질 현무암과 비알칼리암류가 상대적으로 더 많이 분포한다.

용암의 표면에는 작은 기공이 많은데, 이 기공은 용암 표면에서 50 cm 정도 범위에 주로 형성되어 있다. 제주도의 용암은 그 조성과 형성시 물리적 특징에 따라 사장석, 단사휘석, 감람석이 반정 광물로 흔히 나타난다. 현무암질 용암은 파호이호이 용암과 아아 용암으로 구분될 수 있다. 파호이호이 용암이 분포하는 곳은 대부분 넓은 지역에 걸쳐 평탄한 지역을 형성한다. 또한 용암의 반복적인 분출 과정에서 형성된 용암동굴이 존재하기도 한다. 비교적 점성이 높은 아아 용암은 좁고 긴 구릉을 이루며 분포한다. 이 암석의 표면에는 용암이 흐르면서 깨진 클링커가 최대 약 20 m 두께로 형성되어 있는데, 클링커층은 용암류 사이에 분포하여 지하수가 유동할 수 있는 통로 역할을 한다. 한편, 점성이 매우 높은 조면안산암 및 조면암의 조성을 지닌 용암은 백록담, 산방산, 섭섬, 문섬 등과 같은 용암돔을 이룬다.

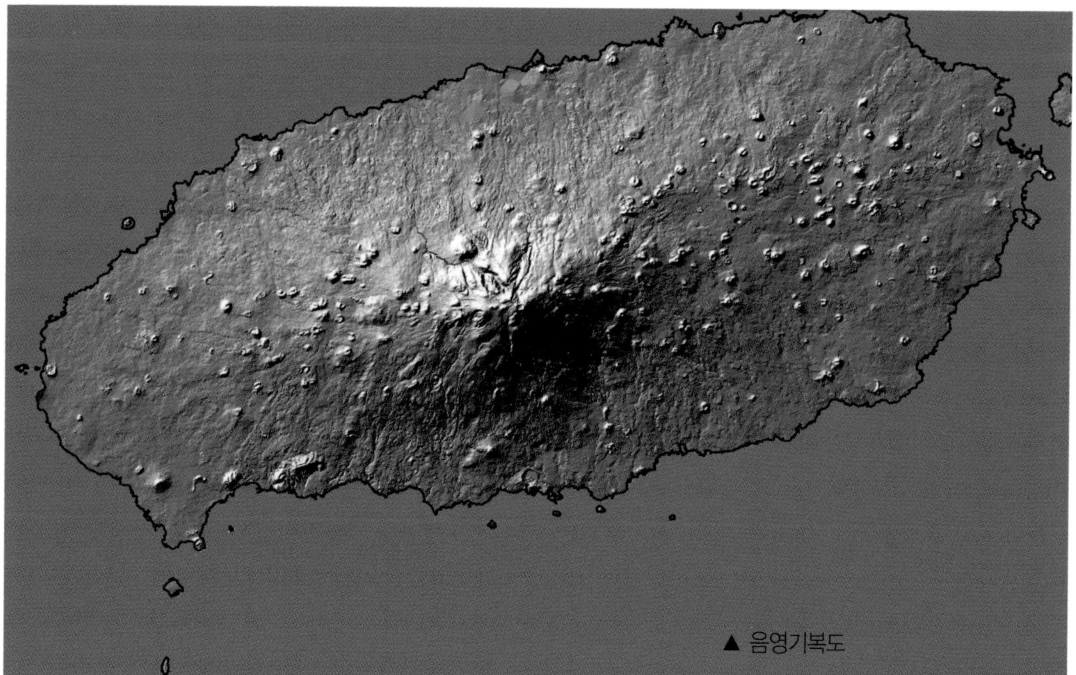
▲ 음영기복도

분석구는 스트롬볼리형 분출과 용암분출이 반복되어 형성되었다. 제주도의 약 50%의 분석구는 말발굽이나 반달형 모양을 하고 있는데, 분석구 형성 도중에 용암이 분출하여 분석구의 일부를 파괴한 결과이다.

응회구와 응회환은 수성화산분출에 의해 만들어진 화산체로 제주도 해안에 주로 분포한다. 이 화산체는 수 cm~수 십 cm 두께로 반복된 응회암층으로 구성되어 있는데, 일출봉과 같이 높은 산을 이루고 있다. 응회암층의 수평 분포는 수 백 m~수 km에 이르며, 근원지로부터 멀어지면서 그 두께는 점차 얇아진다. 제주도 지표 하부에도 용암에 피복되어 응회암층이 분포해 있는 것이 시추조사로 확인된다.

한편, 온도가 1,000℃에 이르는 용암이 바닷물 속으로 흘러 들어가면 급히 식어 투명한 작은 알갱이로 산산조각 나게 되는데, 이런 현상은 뜨거운 유리잔을 찬물에 넣으면 깨지는 현상과 같다. 이렇게 만들어진 유리조각을 유리질쇄설암이라 하며, 제주도에서는 현무암질 용암에 의해 만들어졌기 때문에 검은 색으로 나타난다. 물 속으로 들어간 용암은 베개 모양을 이루기도 하는데, 시추에서 베게용암 암석이 확인된다. 화산회로 구성된 퇴적층은 지하수가 하부로 빠져나가지 못하게 하는 역할을 하는데, 시추에서 이러한 퇴적층이 포착되는 지점의 상부에 대량의 지하수가 있다. 용암이 물과 만나 형성된 유리질쇄설암은 한 장소의 시추에서 여러 층을 이루며 나오기도 하며, 지금의 해수면 보다 높은 곳에서 나오기도 한다. 이런 산출 양상은 용암의 분출이 있었던 당시의 해수면을 지시하는 것으로 빙하기의 해수면 운동을 반영한 것이다.

퇴적층은 적황색 혹은 회색의 이암, 사암, 역암으로 구성되며 용암류 사이에 나타난다. 퇴적층은 고지형의 저지대와 하천 혹은 바닷가에서 형성된 것으로, 국지적인 분포를 하며 수평적인 연장은 대체로 짧다.

▲ 용암은 그 조직과 반정 광물의 종류 및 양에 따라 야외에서 암석이름이 부여 된다. 육안으로 결정이 확인이 가능하면 반정광물이라 하는데, 노란색광물은 감람석, 검정색은 단사휘석, 흰색은 사상석이다. 위 사진은 감람석-휘석 현무암이며 아래 사진은 장석 현무암에 해당된다.

▲ 용암이 물에 들어가면서 급히 식어 유리질 피막이 형성되어 있는 베게용암 암편

▲ 물을 함유한 퇴적층에 용암이 흘러들어가면서 만들어진 페퍼라이트

▲ 뜨거운 용암이 물과 만나 식을때 만들어지는 유리질쇄설암(하이알로클라스라이트)이 시추 과정에서 파쇄된 상태

제주도 하부에는 어떤 암석이 분포 할까?

제주도 하부에는 어떤 암석이 분포하고 있으며, 얼마나 깊은 곳에서부터 제주도는 만들어지기 시작하였을까? 하와이섬처럼 아주 깊은 바다 속에서부터 화산이 만들어진 것은 아닐까? 이런 궁금증은 우선 지표에 있는 응회구나 응회환을 구성하는 수성응회암내에 포획되어 있는 암편을 통해 제주도 하부에 분포해 있는 암석에 대해서 추정할 수 있으며, 시추조사를 통해 이를 확인할 수 있다.

제주도에서는 지하 화산암층에 부존하고 있는 지하수를 개발하여 식수 및 다양한 용도로 이용하고 있다. 지표에서 수 십 m ~ 수 백 m 깊이까지 시추기로 파고 들어가 지하수를 끌어올린다. 시추 과정에서는 지하에 분포하는 암석의 종류와 두께 뿐만 아니라, 지하수가 주로 부존하고 있는 지층의 구성물질과 깊이 등 다양한 지질학적 정보를 얻을 수 있다.

제주도는 지하 깊은 곳에서 부터 지표 부분으로 '기반암-U층-서귀포층-화산암류 및 퇴적층' 순의 지질 분포를 이루고 있다. 제주도의 기반은 별도봉과 송악산 응회암층에 포획된 화강암편과 우도 소머리오름 응회암층에서 포획된 규산질 용결응회암편 등에 근거하여 화강암과 응회암으로 이루어져 있는 것으로 추정되어 왔는데, 온천 탐사 및 개발을 위한 심부 시추공으로 부터 시추코어로서 화강암과 응회암이 회수됨으로써 그 종류를 확인하게 되었다. 이들은 중생대 쥬라기 및 백악기 동안 형성된 암석들로 추자도를 포함한 우리나라 남해안 일대에서 흔히 관찰되는 암석에 해당한다.

▲ 뻘, 모래, 석영입자 등으로 구성된 지하심부 U층 시추코어

시추로 확인된 기반암의 분포 깊이는 지역별 편차가 있지만 해수면 밑 155 m~312 m 범위이다. 온천 탐사 심부 시추를 통해 기반암과 서귀포층 사이에 점토와 모래로 이루어진 굳지 않은 퇴적층이 지하에 두껍게 존재하고 있다는 사실이 알려져 U층이라 명명되었다. 주로 점토질에서 세립질 모래로 구성되어 있으며 고결되지 않은 상태로 존재하는 U층은 평균 약 150 m의 두께를 이루며, 분포깊이는 해수면 아래 44 m~258 m 이다.

서귀포층은 서귀포시 '천지연폭포'에서 서쪽 해안을 따라 연장 1 km 규모로 지상에 노출되어 있는데, 역질사암, 사암, 사질이암, 이암 및 유리쇄설암으로 이루어져 있다. 패류화석을 포함한 다양한 화석이 다량 포함되어 있으며, 제주도의 화산층서를 설정하는 출발점 역할을 한다. 지하에서도 광범위하게 분포하는데, 지역에 따라 분포 깊이가 큰 차이를 나타낸다.

분출 시기를 달리하는 용암과 용암 사이에는 수 m 내지는 수 십 m에 이르는 퇴적층이 협재한다. 이들 퇴적층은 화산활동의 휴지기 동안 혹은 종료 이후 퇴적된 것으로 역질 내지는 이질입자로 구성되어 있다. 퇴적물은 대부분 화산활동에 의해 만들어진 굳지 않은 화산회가 빗물에 의해 씻겨 나가 과거 계곡이나 얕은 곳에 퇴적된 것이다. 곳에 따라서는 하천이나 바닷물에 의해 이동·퇴적되어 형성된 퇴적층에는 사층리, 비늘구조 등의 퇴적 구조도 발달한다.

▲ 지하 심부에 분포하는 응회암. 시추코어로서 부가화산력을 포함한 층리가 발달되어 있다.

▲ 생성 시기를 달리하는 암석사이에 협재되어 있는 퇴적층(황색)

▲ 용암하부에 발달하는 클링커층 (174.5~177 m)은 지하수의 유동에 매우 중요한 역할을 한다.

▲ 우도 응회구에 들어 있는 유문암과 산성 용결 응회암 암편

▲ 제주시 별도봉과 사라봉 사이 해안가 응회암에 포함되어 있는 화강암편의 동위원소 연대는 172.4±5.2 Ma(흑운모 화강암, K-Ar), 183±40 Ma(반상 감섬석-흑운모 화강암, CHIME 갈렴석 분석)로서 쥬라기 대보화강암과 대비된다.

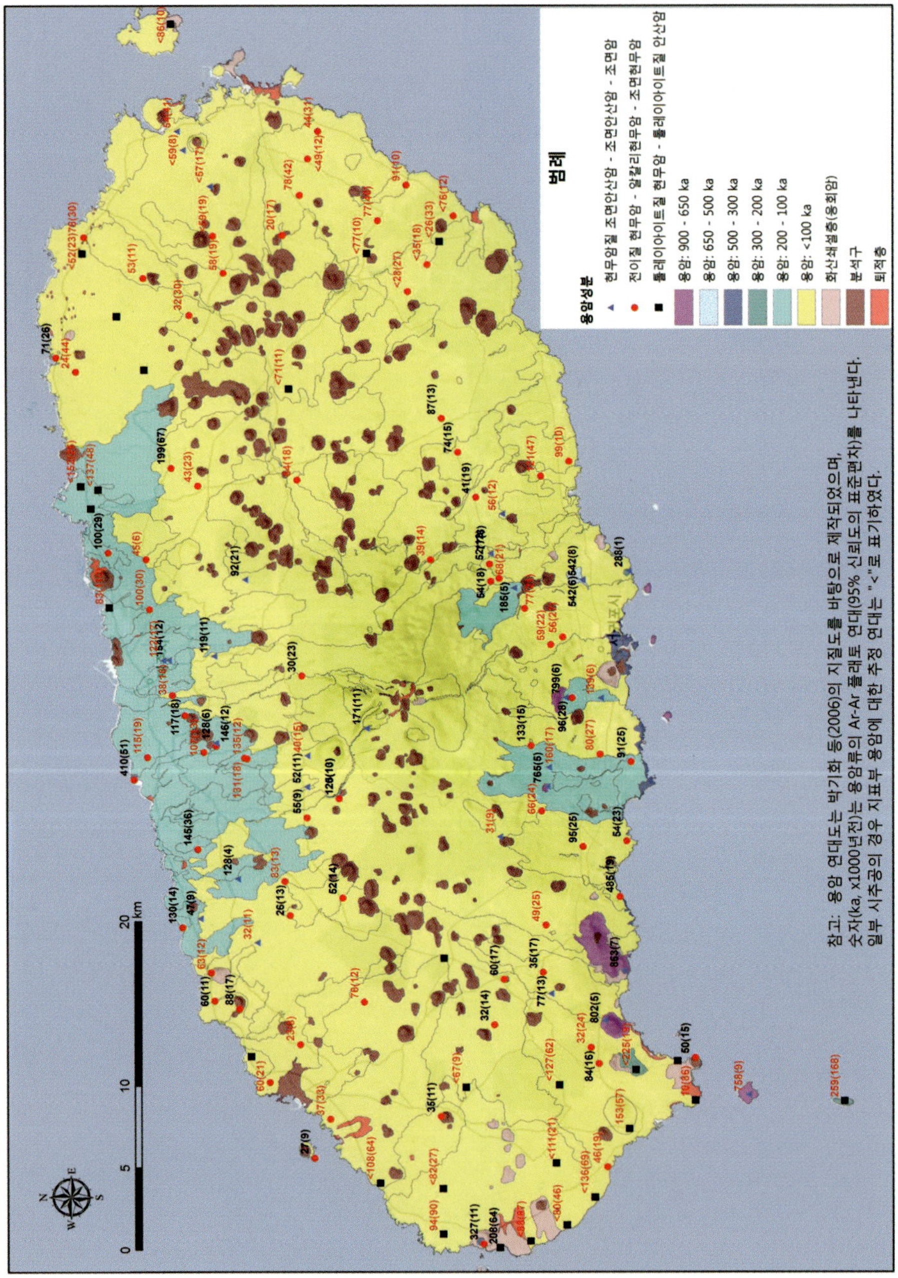

▲ Ar-Ar 연대측정값을 기초로 작성한 용암연대 분포도

제주도가 형성되기 까지

지금으로 부터 약 188만년전 뻘과 모래로 된 광활한 남해의 벌판 한 곳에서 용암이 분출하기 시작하였다. 제주도의 해수면 44 m~258 m 하부에는 모래와 점토로 구성된 퇴적층(U층)이 나타나는데, U층은 해수면이 가장 낮았던 시기에 육지와 연결되어 있던 제주도 초기의 환경을 알려주는 지층이다. 모래와 점토로 구성된 제주도 하부의 퇴적층은 아직도 굳지 않아 물을 많이 함유하고 있다. 마그마가 약 150 m 두께의 U층을 뚫고 나오면서 자연스럽게 물을 만나게 된다. 이 때문에 화산폭발의 모습은 매우 격렬하고, 마그마가 깨지면서 수 많은 작은 돌 알갱이들로 이루어진 수성화산체를 만든다. 제주도 지하에는 수많은 수성화산체가 분포하는 것으로 시추조사에서 확인된다. 아마도 제주도를 이루고 있는 용암을 모두 걷어 낸다면 일출봉과 같은 화산체가 곳곳에 분포하는 제주도 형성 초기의 모습을 볼 수 있을 것이다.

수성화산체는 해수면이 상승과 하강을 반복하는 동안 침식되어 높이가 낮아지고, 깎여서 떨어져 나온 물질들이 주변에 쌓였다. 이렇게 쌓인 퇴적층이 서귀포층이다. 고지자기 연대 측정 결과에 의하면 최고 약 188만년전 서귀포층을 퇴적시킨 화산활동이 격렬하게 시작되었다. 수성화산체가 곳곳에 만들어진 뒤에는 마그마가 관입하면서 물과 접촉할 수 있는 기회는 점점 줄어들고 용암의 분출 형태도 바뀌게 되었다.

시추공의 지질주상도의 해석과 시추코어 화산암에 대한 Ar-Ar 연대측정 결과 제주도의 화산활동은 서귀포층을 중심으로 크게 퇴적동시대 화산

▲ 해수면이 150 m 낮았던 빙하기 때는 서해 바다가 육지로 변해 제주도는 육지와 연결 됐었다.

활동기(약 188만년전에서 50만년전)와 퇴적이후 화산활동기(50만년전에서 홀로세까지)로 구분된다. 퇴적동시대 화산 활동기는 약 100만년전 알칼리현무암질 용암이 최초 육상으로 흘렀으며, 이와 수반된 수성화산활동, 이후 분화된 알칼리 계열 용암류의 돔상 분출, 알칼리 계열 용암류의 분출로 구분되는데, 이들은 서귀포층이 퇴적되는 동안 발생한 국지적이며 간헐적인 화산활동이었다. 오늘날 우리가 제주도 지표에서 볼 수 있는 가장 오래된 암석은 약 85만년전에서 80만년 전의 화산활동으로 만들어진 가파도, 산방산, 문섬 등 남부 지역에 분포하는 조면암 조성의 용암돔이다. 퇴적이후 화산활동기는 서귀포층의 퇴적이 종료된 이후 전도에 걸친 활발한 육상화산활동으로 정의된다. 대부분의 용암은 지금부터 약 40만년 전에서 2만년 전 사이에 분출했는데, 특히 지표의 대부분은 주로 약 10만년 전 부터 분출한 용암에 의해 덮혀 있다. 제주도는 한라산체를 중심으로 하는 복성 복합화산체와 수많은 단성화산체로 부터 분출한 용암류 및 화산쇄설물이 층상으로 누적되어 형성되었으며, 이들은 수성화산분출물과 연안 퇴적물로 구성된 서귀포층에 협재하거나 피복한다.

제주도가 만들어지는 동안에 여러 번의 빙하기가 있었는데, 빙하기에는 지금보다 해수면이 130 m 정도 낮아 여러 차례 육지와 연결 되었던 적이 있었다. 해수면이 높아진 시기에 분출한 용암은 물속으로 흘러 들어가 베게 모양의 암석을 만들었는데, 용암이 여러 차례에 걸쳐 물 속으로 흘러 들어간 흔적을 시추를 통해서 확인할 수 있다. 이처럼 해수면이 상승하고 하강했던 기록을 제주도는 고이 간직하고 있는 것이다.

이러한 과정을 통해 제주도는 어느 정도 모양을 갖추게 되었고, 빙하기가 올 때마다 해수면이 낮아져 육지와 연결되었다. 이때 육지의 동물들이 이동하여 현재 바다 한 가운데 있는 제주도에도 여러 종류의 동물들이 살게 된 것이다. 육지와 연결되었을 당시의 제주도는 지금보다 훨씬 큰 섬이었을 것이다. 그리고 지금부터 약 2만년 전에 1,950 m 높이의 한라산이 완성되었다. 고려사절요 및 동국여지승람 등의 역사기록에 의하면, 서기 1002년과 1007년에 제주도에서 소규모의 화산 분출이 있었던 것으로 보이지만, 화산분출의 정확한 위치는 알 수 없다.

제주도 지질여행

사람들이 많이 찾는 관광지의 지질은 어떤 화산활동과 관련되는지, 알려지지 않은 흥미로운 지질 현상은 어디에 있는지 찾아가 보기로 하자.

제주시 용두암을 시작으로 동쪽으로 돌아 일출봉을 거쳐 비양도와 한라산, 백록담, 그리고 중간지역 주요지점의 답사를 통해 제주도 형성과 관련된 화산 지질을 볼 수 있도록 하였다. 각 관광지에서 제시된 한 가지 지질 현상은 다른 곳에서도 나타나기 때문에, 이미 보았던 지질 현상을 다른 곳에서 알아내는 기쁨도 누릴 수 있을 것으로 본다.

명 칭	암 상	지질현상
용두암	아아 용암	클링커, 용암통로, 스퀴즈업, 주상절리 윗면
삼양해변	파호이호이, 아아 용암	용천수, 모래형성, 모래찜질
김녕리에서	퇴적층, 파호이호이 용암	개간하여 경작지로 이용하고 있는 퇴적층, 용암동굴, 유선구조, 용암석주
행원리에서	파호이호이 용암	용암호, 투물러스, 밧줄구조, 스큐즈업, 라바토, 무너진 용암동굴
산굼부리 부근에서	아아 용암	피트분화구, 크립토돔, 퇴적층
성산일출봉	응회암, 퇴적암	부가화산력, 미끄럼구조, 고기 해수면, 신양리층
우도	파호이호이 용암	응회암, 화산 동시성단층, 화도이동, 재운반 응회질 퇴적층, 홍조단괴
섭지코지	아아 용암	암경, 스코리아, 크라스토제닉용암, 용암통로, 집괴암, 분석구 단면
서귀포층	퇴적암	조개화석, 퇴적구조, 서귀포층
대포동 주상절리	아아 용암	주상절리
곶자왈	아아 용암	곶자왈, 숨골
산방산과 용머리	응회암, 조면암	돔 형성 과정, 하도구조, 화도 이동, 퇴적동시성 단층
사람발자국	퇴적암	응회질 퇴적암, 사람발자국, 동물발자국
송악산	응회암, 퇴적암, 풍성사구	분출 양상 변화, 분석구, 스코리아, 집괴암, 부가화산력, 거대연흔, 퇴적동시성 단층, 탄낭
마라도와 가파도	파호이호이 용암	복합용암류, 해안단구, 해식동굴
수월봉	응회암, 퇴적층	탄낭구조, 사층리, 아아 용암과 파호이호이 용암의 접촉부, 응회환과 화구 비교
비양도	아아 용암, 분석구	호니토, 거대 화산탄, 집괴암
협재사구	파호이호이 용암, 사구	사구층, 협재굴
노꼬메오름	아아 용암	말발굽형 분석구
도두봉	응회암	응회암, 퇴적층, 암맥, 아아용암
한라산	아아, 파호이호이 용암	화구, 파호이호이 용암, 조면암

제주도 지질여행 안내도

김녕리
행원리
삼양해변
만장굴
우도면
용두암
도두봉
서빈백사
조천읍
구좌읍
소머리오름
제주돌문화공원
거문오름
일출봉
제주시
산굼부리
비양도
교래리
섭지코지
애월읍
퇴적층
성산읍
협재해변
노고메오름
한라산
한림읍
표선면
백록담
남원읍
한경면
수월봉
안덕면
서귀포시
안덕곶자왈
생태공원
서귀포층
대정읍
산방산
표식지
대포동(지삿개)
사람발자국
화석산지
송악산
가파도
마라도

01 용두암'

길찾기 명칭 | 용두암 | 33° 30' 57" N / 126° 30' 42" E

용두암은 잘 알려진 관광지로 제주시 담동 해안에 위치한다. 용두암 부근은 높은 절벽을 이루고 있고, 동쪽과 서쪽으로는 지형이 완만해지는 것으로 보아 두꺼운 용암이 흘렀을 것으로 추측된다. 용두암을 옆에서 보면 용머리 모양을 하고 있으나, 높은 곳에서 내려다보면 얇은 판을 길게 세워 놓은 모양이다. 또한 용두암을 이루고 있는 암석의 표면에는 주먹 크기의 둥근 돌들이 박혀 있는데, 이들은 아아 용암이 흐를 때 생긴 클링커로서 먼 거리를 밀려 내려 오는 동안 크기가 작아지고 모양은 마모 되었다.

▲ 서쪽에서 바라본 용두암. 용의 머리 아래 쪽 암석은 다량의 클링커들이 박혀있어 거친 느낌을 준다. 용두암을 만들고 있는 암석은 바다 쪽으로 곧게 뻗어나간 양상이다. (33° 30′ 57.1″ N/126° 30′ 39.7″ E)

▲ 용암이 흐를 때 가장자리에 형성되었던 용암벽의 일부분. 이 암석에는 클링커가 많이 들어 있다.

◀ 용두암을 위에서 바라보면 수직절벽처럼 보인다.

용두암에서 서쪽으로 약 7 km 떨어진 제주시 이호동 해안에도 아아 용암이 흐르면서 생겨난 용암수로를 볼 수 있다. 이 용암수로의 벽은 해안에서 바다쪽으로 약 100 m 길게 뻗어 있으며, 그 주변에는 클링커층이 발달한 아아 용암지형을 관찰할 수 있다.

▲ 제주시 이호동 해안에 위치한 용암수로 (33°29′50.6″N/126°26′35.3″E)

아아 용암에서 클링커가 만들어지는 과정

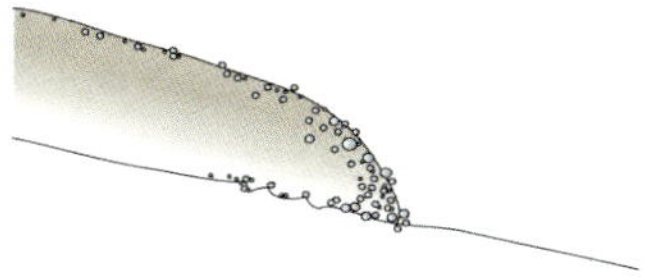

▲ 아아 용암이 흐르면서 표면이 굳는다.

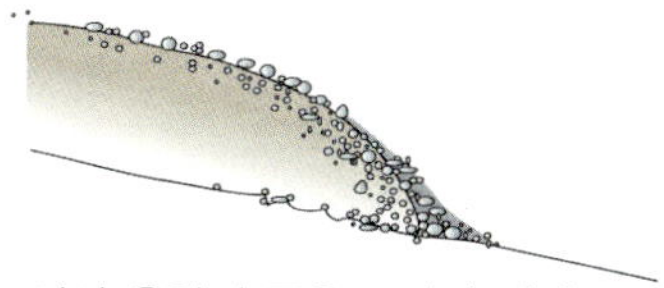

▲ 아아 용암의 굳은 표면이 깨져 클링커를 만든다.

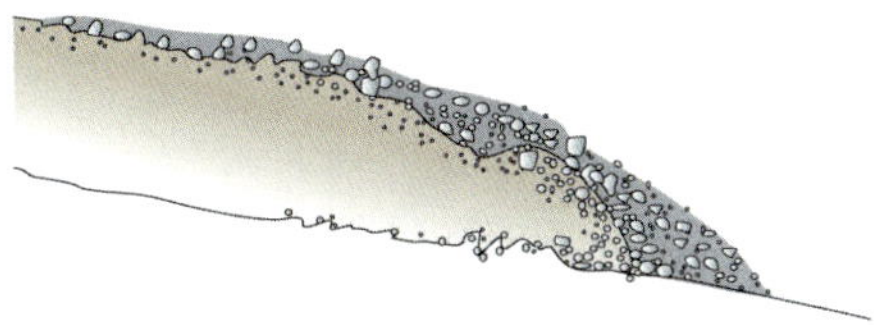

▲ 용암이 클링커를 블도저처럼 밀고 나가면서 초기에 형성된 클링커는 작은 파편으로 깨진다.

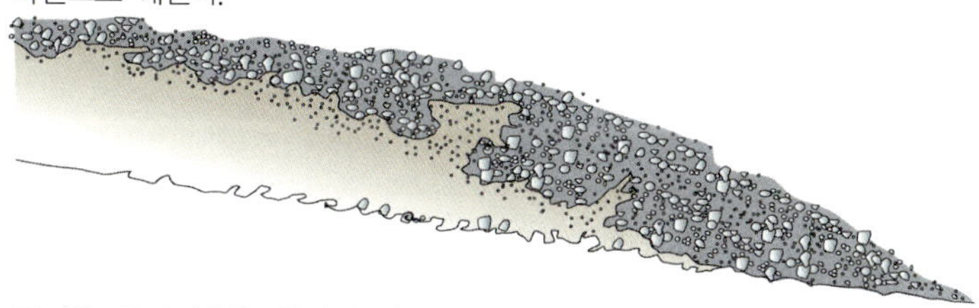

▲ 두꺼운 클링커층을 용암이 밀고 가면서 부분적으로 관입한다. 이런 관입현상을 스퀴즈업이라 하며, 그 모양이 용두암과 같은 형태를 갖기도 한다.

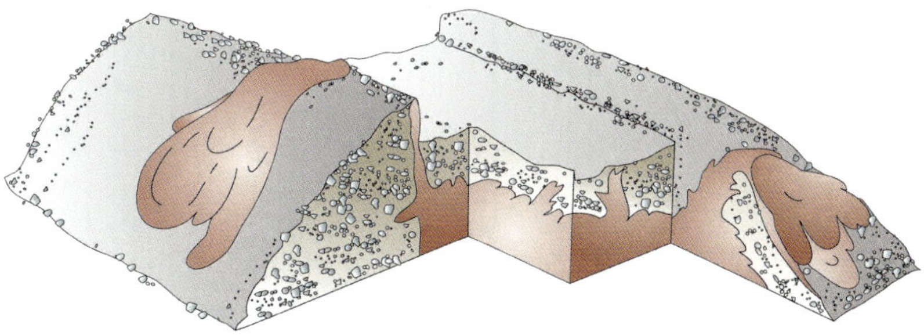

▲ 흐르는 아아 용암의 단면 모델
아아 용암이 흐르면서 용암의 앞과 옆에 두꺼운 클링커가 쌓이게 되며, 용암은 클링커벽(둑)의 안쪽으로 흐른다. 용암의 공급이 많아지면 용암이 클링커벽을 넘쳐 흐르기도 하고, 클링커층을 관입하기도 한다.

용두암은 용암수로를 이루고 있던 암석의 일부가 판자 모양으로 남아 있는 것이다. 액체 상태의 용암이 고체로 변하면서 체적이 줄어 육각형 모양으로 갈라져 육각형 기둥을 이루게 되는데, 이를 주상절리라 한다.

기둥 모양을 이룬 주상절리의 특징을 용두암 서쪽 500 m 지점의 바닷가에서 볼 수 있다. 이 지역에서 주상절리의 직경은 1.5 m로 육각형 내지 사각형의 벌집 모양으로 나타난다.

▲ 클링커를 만들면서 용암이 흐를 때, 내부에 흐르던 용암이 뚫고 나와 클링커를 담요처럼 덮기도 한다. 이렇게 클링커를 뚫고 나온 용암을 스퀴즈업이라 한다.

▲ 용두암 서쪽 500 m 지점의 해안에서 볼 수 있는 주상절리의 윗부분으로 육각형 내지 사각형의 절리가 벌집 모양으로 형성되어 있다. 절리면의 길이는 약 30~60 cm이며 주상절리의 직경은 1.5 m 이다. (33°30′59.7″N/126°30′20.0″E)

02 삼양해변

길찾기 명칭 | 삼양검은 모래해변 | 33° 31' 32" N / 126° 35' 10" E

삼양해변은 검은 모래해변으로 널리 알려져 있다. 제주공항에서 동쪽으로 약 10 km 떨어진 삼양2동 해안에 위치한 이곳은 내륙으로 오목하게 들어간 해안지형을 따라 검은 모래사장이 넓게 펼쳐져 있다.

삼양해변은 화산암편과 규산염광물(석영, 휘석, 사장석, 감람석)이 많은 세립질 모래(fine sand)로 이루어져 있어 패사(貝砂)로 이루어진 함덕·표선·협재해변과는 대조를 이룬다. 삼양해변의 검은 모래는 해안 주변에 분포하는 화산암이 오랜 기간 파도의 침식작용에 의해 만들어진 것들과 하천을 통해 운반된 것들로 이루어져 있다. 일반적으로 현무암은 규소(SiO_2) 함량이 적은 대신 철(Fe_2O_3)과 마그네슘(MgO) 함량이 상대적으로 많은 고철질 마그마(mafic magma)로부터 생성되기 때문에 어두운 색을 띠는 감람석, 휘석, 감석섬, 흑운모 등의 광물들이 많아 전체적으로 어두운 색을 띤다. 또한, 현무암으로부터 떨어져 나온 암편과 광물들은 해양생물 파편보다 무겁기 때문에 파도에 의해 멀리 운반되지 않고 연안에 잔류할 수 있어 검은 모래사장이 발달할 수 있다.

제주도민들은 오래전부터 검은 모래를 관절염이나 신경통을 치료하는데 이용해 왔다. 여름철 삼양과 공천포 해수욕장에는 검은 모래찜질(제주도에서는 '모살뜸'이라 함)을 하는 사람들로 장관을 이룬다.

▲ 여름철 검은 모래찜질과 해수욕객으로 붐비는 삼양해변

태양열에 의해 뜨거워진 모래 속에 다리나 어깨, 또는 전신을 파묻고 20~30분 찜질을 한다. 이렇게 모래찜질을 하고 나면, 쑤시고 결리던 관절염이나 신경통이 누그러지는 효과가 있다고 한다. 삼양동연합청년회에서는 2002년부터 여름철에 '삼양 검은 모래 해변축제'를 매년 개최해 검은 모래찜질을 관광자원화 하고 있다.

제주도에는 삼양해변 이외에 제주시 이호해변을 비롯하여 성산읍 종달·성산해변, 남원읍 공천포해변(신례2리), 안덕면 화순해변, 대정읍 하모해변 등도 검은 모래 해변이다. 이들 해변의 검은 모래는 주변의 응회암층이나 화산암의 침식으로부터 생겨난 것이다. 특히, 공천포해변의 검은 모래는 아아용암의 침식으로부터 생겨나 붉은색의 모래입자들이 많이 섞여 있다.

삼양해변 주변에는 용천수(湧泉水, spring)가 여러 군데 있으며, 수량이 매우 풍부하고, 수질도 양호한 편이다. 해수욕장 서쪽의 용천수는 1960년대부터 상수원(삼양 1, 2수원)으로 개발되어 현재까지 이용하고 있는데, 1일 최대 취수 가능량은 35,000 m^3에 달한다. 또한 해수욕장 동쪽에 있는 '큰물'과 '독통물' 용천수는 1일 용출량이 20,000~50,000 m^3에 달할 정도로 풍부하며, 마을 주민들이 생활용으로 이용하고 있다. 삼양화력발전소 부근의 용천수(가물개물)는 1990년대에 상수원(삼양3수원)으로 개발되었으나, 염분함량이 많아 몇 년 전부터 이용하지 않고 있다. 삼양동 해안에 대규모 용천수가 발달하고 있는 이유는 무엇일까? 용천수는 땅속을 흐르던 지하수가 지층의 틈을 통해 지상으로 솟아나는 물을 말한다.

▲ 암석 사이에서 지하수가 용출하고 있다. (33° 31′ 44.2″ N/126° 35′ 21.5″ E)

한라산 고지대와 중산간 지역에서 함양된 지하수는 지하의 투수층을 따라 해안가로 이동하여 바닷가 근처에서는 지하수 위가 지표 가까이에 형성된다. 또한, 해안가는 용암류(지층)가 끝나는 곳이기 때문에 지하수가 솟아나올 수 있는 지층구조(지층 말단부, 절리, 용암류 경계)들이 발달해 있어 바닷가에 용천수가 많이 분포하고 있는 것이다. 특히 지형적으로 주변 지역보다 오목(凹)하게 들어간 해안가에 용천수가 밀집되어 있으며, 지하수위 등고선이 지형과 일치하는 형태(지하수 골짜기)를 보이는 지역에 대규모 용천수가 존재한다. 삼양동 해안은 다공질의 신흥리현무암으로 이루어져 있는데, 이 암석은 0.3~1.0 m 두께의 용암류가 3~4매로 이루어져 있다. 바다 쪽으로 얼마나 더 뻗어 있는지는 정확히 알 수는 없으나, 항공사진에서 보면 해안선에서 약 200~300 m 거리까지 이 암석이 분포하는 것으로 추정된다. 신흥리현무암 상부는 원당봉이 만들어질 때 흘러나온 현무암(원당봉현무암)이 덮고 있는데, 해안 근처까지 이 암석이 분포하고 있다. 또한, 봉개동 봉아오름 동쪽에서부터 시작되는 골짜기 지형은 삼양검문소 남쪽 논오름을 지나 원당봉 서쪽을 따라 삼양해변으로 이어지고 있어 삼양해변은 주변보다 조금 오목하게 들어간 지형을 이루는 말단부에 위치하고 있다. 특히 도련, 신촌, 삼양 일대 지역의 지하수위 등고선을 보면, 지하수 골짜기가 원당봉을 경계로 삼양과 신촌으로 분기하고 있다. 이와 같이, 삼양동 해안은 대규모 용천수가 발달할 수 있는 수리지질학적 여건을 갖추고 있어 용출량이 많은 용천수가 발달하고 있는 것이다.

▲ 용천수를 이용하기위한 시설 (33° 31′ 44.2″ N/126° 35′ 21.5″ E)

03 김녕리에서

길찾기 명칭 | 김녕리교차로 | 33° 33' 12" N / 126° 44' 23" E

김녕리의 특이한 밭

두꺼운 클링커나 분석구를 통과하여 빠져나온 빗물은 미립의 암편을 낮은 지역에 쌓아 퇴적층을 만들게 되는데, 이러한 곳을 제주도에서는 좋은 밭으로 이용하기도 하고, 곳에 따라서는 용천수가 나와 벼나 미나리를 재배하기도 한다. 지표에 퇴적층을 만드는 퇴적작용은 제주도 형성 도중 여러차례 일어났는데, 이렇게 형성된 퇴적층은 주변에 있던 화산쇄설물를 빗물이 운반하여 만든 것으로 퇴적 당시의 계곡에 국한되어 나타난다.

일주도로와 선유로가 만난는 김녕리교차로 북쪽 밭에서 선흘리현무암 하부에 분포하고 있는 퇴적층을 볼 수 있다. 이 퇴적층은 묘산봉을 만들 때 생긴 미립의 화산재가 날아와 쌓였거나 빗물에 운반되어 퇴적된 것으로 적황색 내지 옅은 붉은색의 스코리아 물질로 구성되어 있다. 두께가 2 m 정도인 퇴적층을 도로에서 해안 쪽에 위치한 밭에서 관찰할 수 있다. 이 밭은 특이하게도 위에 있던 얇은 두께의 선흘리현무암을 걷어 내고 속에 있던 퇴적층을 드러내어 만들었다.

▲ 서김녕리퇴적층은 선흘리 현무암 아래에 분포한다.

▲ 서김녕리 퇴적층에는 크고 작은 암괴가 포함되어 있다.

만장굴

만장굴과 김녕사굴은 선흘리현무암이 분출할 때 형성된 용암동굴이다. 용암동굴은 파호이호이 용암에서 흔히 형성되는데, 넓이는 수 m~수 십 m에 이르며, 길이는 수 백 m~수 십 km에 달하기도 한다. 파호이호이 용암은 점성이 낮고 높은 온도를 지니고 있기 때문에 표면이 얇게 굳어도 내부에서는 높은 온도의 용암이 계속 흐르게 된다. 용암의 공급이 줄어들거나 용암의 흐름을 막고 있던 방해물이 제거되면 굳은 표면은 남아 있고 내부에 흐르던 용암의 높이가 낮아져 동굴이 만들어진다. 용암동굴 내에는 용암이 흐르던 높이가 변한 현상이 동굴 벽에 남아 있다.

계단 모양으로 층을 이루고 있는 지붕 모양의 암석을 동굴 입구에서 볼 수 있는데, 이는 동굴 속을 흐르던 용암의 높이가 여러 번 변화했음을 의미한다. 동굴의 천장에는 오각형 내지는 육각형의 절리들이 발달해 있는 것을 볼 수 있다. 동굴 벽에는 용암이 흘렀던 기록들이 남아 있고, 천장 가까이에는 돌고드름처럼 생긴 용암종유석들이 많은 것으로 보아 용암은 상당히 묽은 상태였던 것을 알 수 있다.

▲ 용암의 높이가 여러번 변화하면서 생긴 구조가 잘 발달된 만장굴내부

▲ 만장굴 내부의 용암석루. 용암동굴 천장에 뚫린구멍을 통해 용암이 만장굴 내부로 유입되어 쌓이면서 형성되었다.

▲ 용암이 동굴에 채워져 있다가 높이가 낮아지면서 천장에 붙어있던 용암들이 떨어져 돌고드름 모양의 용암종유석을 만들었다.

▲ 점성이 낮았던 용암이 용암 동굴 내에 있다가 용암 공급이 줄어들었거나, 용암 흐름을 막고 있던 장애물이 제거됨으로써 용암의 높이가 갑자기 낮아지면서 용암동굴 벽을 따라 흘러 내린 흔적이 보인다.

용암동굴이 만들어지는 과정

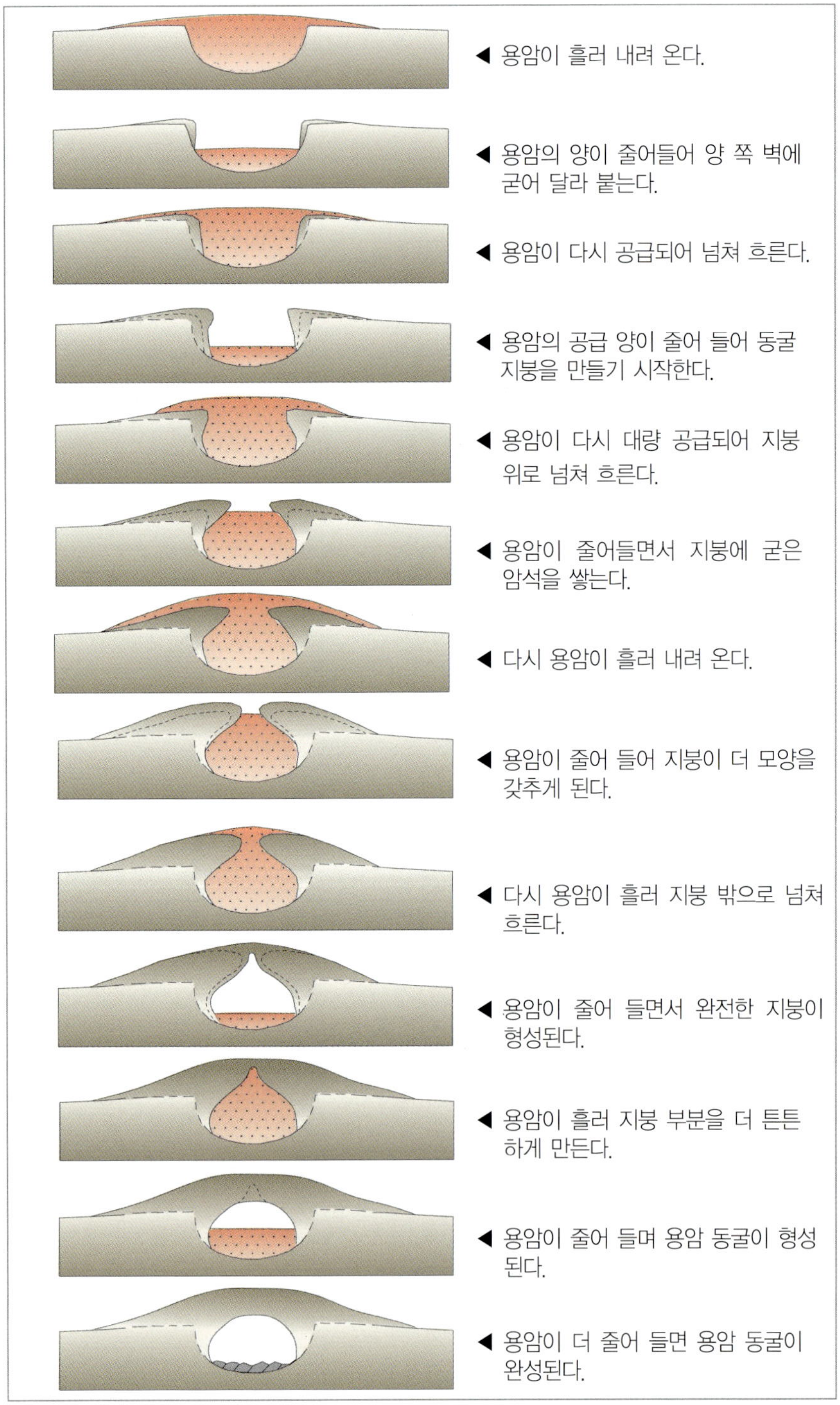

거문오름

거문오름은 제주시 조천읍 선흘 2리에 위치하고 있으며, 제주도에 분포하고 있는 많은 오름 중 유일하게 거문오름 용암동굴계라는 이름으로 유네스코 세계자연유산으로 등재되어 있다. 거문오름 화산체는 능선 길이가 4.4 km, 바닥 지름이 1 km에 이르는 거대한 화산 분화구이다. 또한 분화구 내부에는 알오름이라는 작은 오름이 있고, 분화구는 북동쪽으로 터져있는 말발굽 형태를 띠고 있다. 분화구 북쪽을 뚫고 나간 용암은 14 km 떨어진 해안까지 흘러가면서 일부 구간에서 좁고 깊은 계곡을 만들었는데, 이것이 붕괴도랑(collapse trench)이다.

▲ 하늘에서 바라본 거문오름 분석구 (사진가운데 움푹 패여 있는 부분이 분화구임)

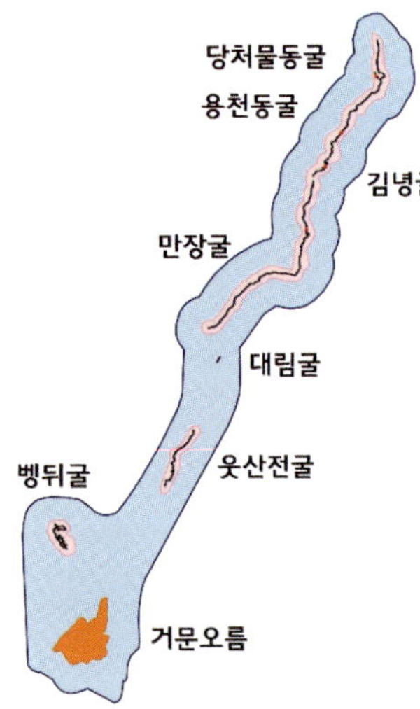

거문오름 분화구에서 흘러나간 용암은 지하에 수많은 용암동굴을 형성하고 있는데, 벵뒤굴, 웃산전굴, 북오름굴, 대림굴, 만장굴, 김녕굴, 용천동굴, 당처물동굴이 대표적인 용암동굴이다. 거문오름은 다양한 동식물이 자생하는 생태적 공간임과 더불어 거문오름용암동굴계를 만든 모체라는 점에서 학술적 가치가 크다.

거문오름 일원의 화산활동은 크게 4단계로 설정할 수 있다. 최초 스트롬볼리안 분출에 의해 주로 다양한 정도로 용결된 조립질의 화산쇄설물질로 이루어진 거문오름의 초기 분석구가 형성되었다. 동시에 아아용암 유형의 장석휘석현무암이 분출되면서 초기 분석구 물질의 일부를 그 상부에 얹어 이동시켜 분석구 주변에 다수의 소규모 언덕을 형성하였다.

계속해서 보다 폭발적인 스트롬볼리형 분출이 이어져 다량의 세립질 화산쇄설물이 후기 분석구를 형성하였다. 초기 분출과는 달리 보다 세립질이고 느슨한 상태를 유지하며 층리의 발달이 양호한 화산쇄설층이 초기 분석구의 정상부와 연변부에 주로 퇴적되었다. 이 시기에도 아아 유형의 용암류인 감람석현무암이 분석구의 기저로부터 분출하였다.

2단계의 화산활동이 종료된 후, 화구 내부로 대규모 함몰이 일어나서 현재와 거의 유사한 규모와 형태의 거문오름 분석구가 완성되었고, 일정 기간 동안 휴지기를 유지하였다. 거문오름은 제3단계에 접어들어 분석구의 서쪽과 동쪽 측면 일부 지역의 기저부로부터 파호이호이 용암류인 침상장석현무암Ⅰ의 분출이 일어났다. 소규모 기저 분출이 종료된 후 거문오름 분석구의 화구로부터 다량의 파호이호이 용암류인 침상장석현무암Ⅱ가 분석구의 북북동 지역을 붕괴시키면서 분출하였다. 초기에 분출된 이 용암류의 일부는 북북서에서 북쪽 방향으로 흘러 거문오름 용암동굴계의 최상류부에 위치한 뱅뒤굴을 형성하였다. 결국 거문오름의 최후 분출 용암류인 침상장석현무암Ⅱ는 거문오름용암동굴계의 형성에 직접적인 역할을 하였다.

거문오름 주변지역의 지질은 크게 거문오름에서 분출된 거문오름현무암과 이전의 선거문오름용암류, 이후에 형성된 후거문오름용암류로 구분된다. 선거문오름용암류는 고기분석구, 부소악현무암, 대천동현무암, 교래리현무암으로 구성된다. 고기 분석구는 이들 용암류와 층서관계는 불명확하나 거문오름현무암 분출 이전의 다수의 분석구를 총칭한다. 거문오름현무암은 전기 용암류와 후기 용암류로 구분되고, 전기 용암류는 하위의 침상장석현무암과 상위의 감람석현무암, 그리고 후기 용암류는 하위의 침상장석현무암 I 과 상위의 침상장석현무암 II 로 구분된다(제주도, 거문오름 종합학술조사).

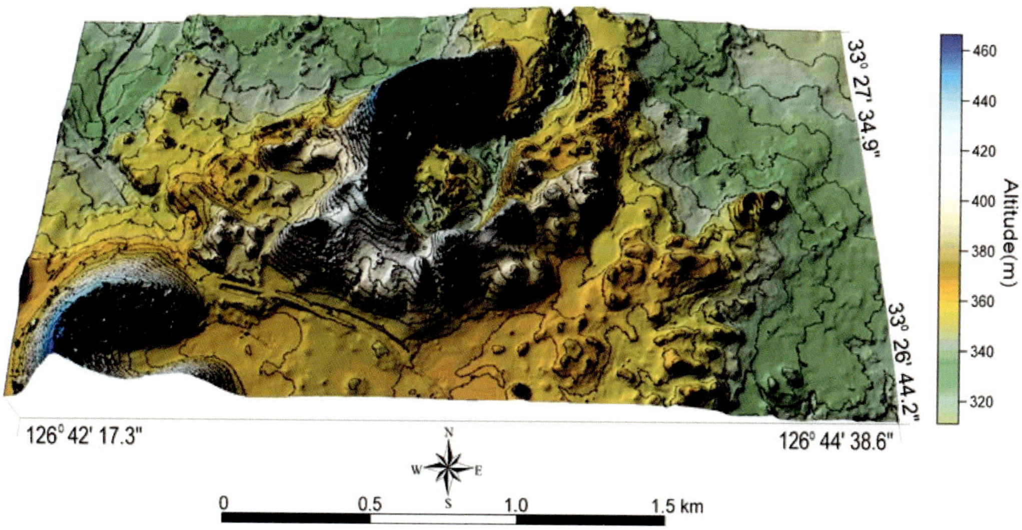

▲ 거문오름 분석구와 인근 지역의 3차원 지형도

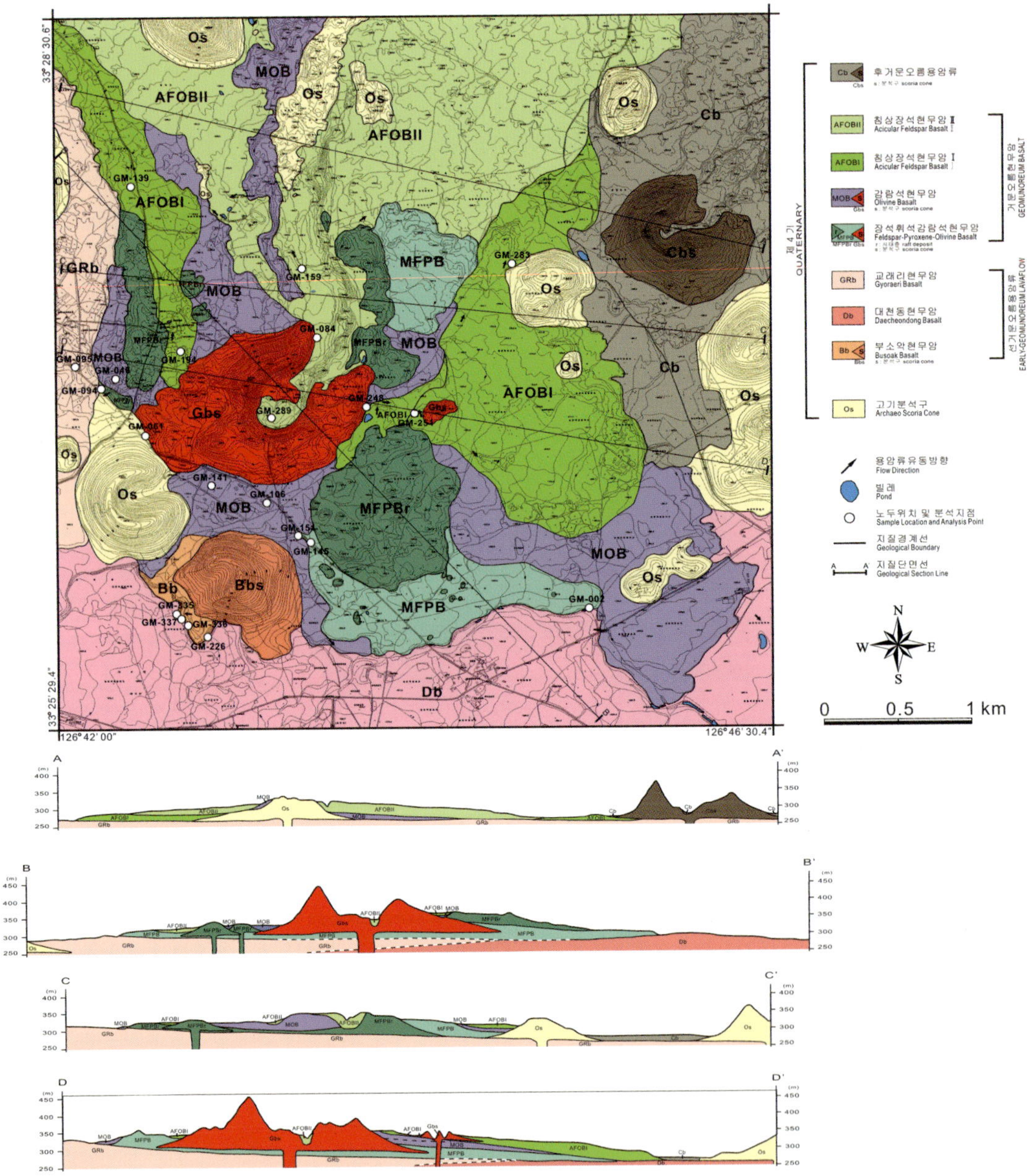

▲ 거문오름 및 주변 지역의 지질도와 지질단면도

04 행원리에서

길찾기 명칭 | 신재생에너지홍보관(행원리) | 33° 33' 37" N / 126° 48' 54" E

행원리 해안에는 자연바람을 이용한 풍력 발전탑이 줄지어 있어서 수평과 수직의 조화를 이루고 있다. 해안을 따라가다 보면 암석이 빵처럼 부풀어 있기도 하고, 장판을 깔아 놓은 것처럼 보이기도 하는데, 이런 현상들은 어떤 과정을 거쳐 만들어진 것인지 알아보기로 하자.

이 지역에서는 파호이호이 용암의 특징들을 관찰할 수 있는데, 용암호, 투물러스(복수는 투물리), 밧줄구조, 거북등절리, 용암동굴 등이 그것이다.

파호이호이 용암에 의해 만들어진 선흘리현무암이 넓게 분포하고 있다. 선흘리현무암은 2 mm 크기의 바늘모양의 장석이 조면구조를 이루고 있다. 현무암에는 투물러스와 밧줄구조가 형성되어 있다. 아아 용암에 의해 형성된 위미리조면현무암은 선흘리현무암보다 나중에 만들어진 암석으로 두꺼운 클링커층을 만들었다. 휘석과 장석이 1 cm 크기의 반정으로 드물게 포함되어 있다.

파호이호이 용암이 만든 구조들

파호이호이 용암이 낮은 지형으로 흘러들어오면 용암호(lava pool)를 만들게 된다. 용암호에 고인 용암은 작은 충격에도 쉽게 출렁거려 용암 표면이 커다란 판 조각으로 갈라지기도 한다. 이런 곳에 모인 용암이 굳으면 넓은 평지를 형성하게 되는데, 제주도에서는 이런 지형을 '빌레'라 부른다.

투물러스는 파호이호이 용암에서 흔히 볼 수 있는데, 굳은 용암이 5 m 높이와 10 m 지름의 크기로 부풀어져 큰 빵 모양을 이루고 있는 형태이다. 투물러스는 흐르는 용암이 장애물을 만나 굳은 표면을 밀어 올리거나, 굳은 표면 속에 갇혀 있던 가스가 팽창하여 만들어지게 된다. 공급되는 용암이 굳은 표면을 들어올리게 되면 표면에는 빵 껍질 모양의 절리가 형성되는데, 이런 과정이 반복되면 투물러스에 형성된 절리는 계단상으로 나타난다. 용암이 내부에서 밀어 올려 투물러스를 만들 때 절리를 따라 내부의 용암이 치약을 짜듯이 밖으로 나오게 되는데, 이를 스큐즈업(squeeze up)이라 한다. 스큐즈업에 의해 밖으로 나온 용암은 모양이 코끼리 발톱 모양을 형성하기도 하는데, 이것을 라바토(lava toe)라고 한다.

▲ 파호이호이 용암이 만든 평탄한 지형. 이러한 지형을 제주도에서는 '빌레'라고 한다. 침식이 안되고 풀도 자라지 않아서 파호이호이 용암의 특성을 쉽게 알 수 있다. (33° 33′ 44.3″ N/126° 46′ 34.9″ E)

▲ 투물러스(tumulus). 용암이 부풀어 오르면서 가운데 부분에 깊은 틈이 생겼고, 좌·우 쪽으로 경사면이 만들어졌다.

▲ 빌레를 이루고 있던 파호이호이 용암의 굳은 표면이 내부의 굳지 않은 용암이 공급이 증가되면서 부풀어 올라 완만한 구릉 형태의 투물러스가 형성되었다. (33° 33′ 50.4″ N/126° 46′ 52.1″ E)

◀ 용암의 표면이 굳은 상태에서 밀리면서 밧줄 모양으로 엉키게 된다. 밧줄구조의 중심선 방향이 용암이 흐르던 방향을 지시하는데, 이 용암은 왼쪽에서 오른쪽으로 흐른 것을 의미한다. 아아 용암에서도 밧줄구조가 가끔 생기는데 밧줄의 폭이 보다 크며, 용암 분출지 가까이에 생기는 것이 일반적이다. (33° 33′ 20.3″N/126° 49′ 31.5″E)

▶ 파호이호이 용암에서 아아 용암으로 변해 가는 과정으로, 밧줄구조 표면이 계속 밀려 만들어진 경우이다. 이런 용암을 치약구조(용암)라 한다. (33° 33′ 20.3″N/126° 49′ 31.5″E)

◀ 투물러스에 생긴 틈을 따라 안에 있던 용암이 코끼리 발톱 모양으로 지표로 나오게 된다. 이를 라바토(lava toe)라 한다. (33° 33′ 20.2″N/126° 49′ 31.5″E)

▶ 투물러스의 표면에 형성된 거북등절리 (33° 33′ 50.6″N/126° 46′ 33.0″E)

파호이호이 용암은 낮은 점성과 높은 온도를 갖고 분출하면서 표면이 얇게 굳게 된다. 용암이 흐르면서 굳은 표면이 밀리기 때문에 주름이 만들어지는데, 이렇게 주름진 모양을 밧줄구조(ropy structure)라 한다. 팥죽을 쑤어 어느 정도 식었을 때 그릇을 기울이면 팥죽 껍데기가 밧줄처럼 주름지는 현상과 같다.

밧줄구조가 형성된 후에도 지하에 있는 용암이 계속 흐르게 되면 밧줄구조는 서로 엉키거나 모양을 잃게 된다. 밧줄구조를 파괴하면서 흐른 용암은 길게 흔적을 남기게 되는데, 이를 치약구조(toothpaste structure)라 한다.

파호이호이 용암이 만든 암석에는 거북이 등어리 모양으로 작은 크기의 절리가 형성되는데, 이를 거북등절리(tortoise shell joint) 라 한다.

투물러스가 형성되는 과정

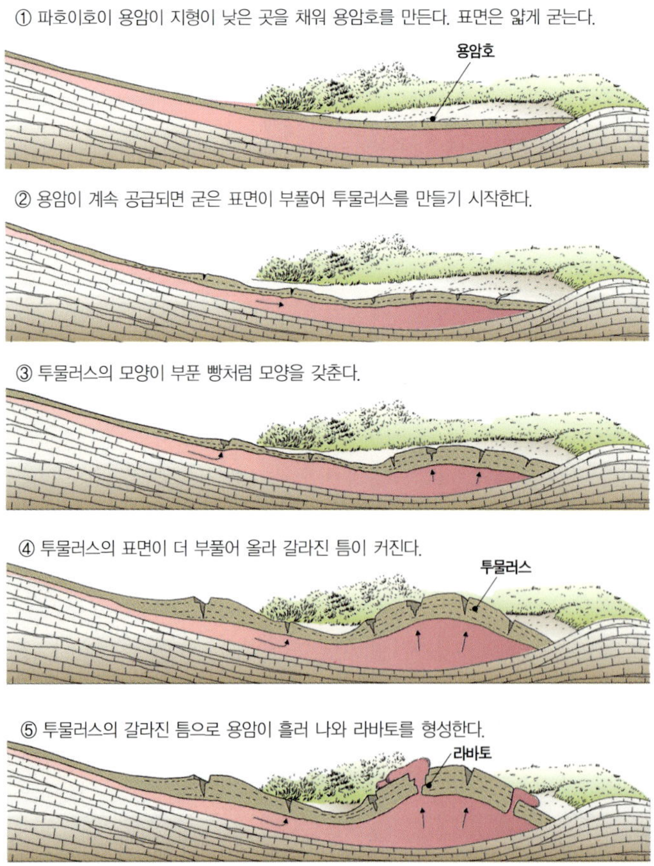

05 산굼부리 부근에서

길찾기 명칭 | 산굼부리 | 33° 25' 59.13" N / 126° 41' 26.53" E

산굼부리

낮은 구릉을 이루고 있는 산굼부리는 관리사무소에서 제일 높은 곳까지의 높이가 31 m이며, 이곳에서 바닥까지의 깊이는 132 m로 주차장이 있는 지면 보다 100 m나 낮다. 분화구 상부 지름은 635 m이고 하부 지름은 약 300 m이다. 분화구 주변에는 용암 분출에 의해 형성된 암석이 분포하고 있다. 용암에 의해 형성된 암석은 산굼부리 전망대의 북쪽 보행로 주변과 전망대에서 분화구 북쪽 절벽에 5 m 정도의 두께로 산재하고 있는 것을 볼 수 있다. 암석에는 휘석 반정이 드물게 산출되고, 곳곳에 클링커가 흩어져 있는 것으로 보아 아아 용암이 분출했던 것으로 보인다.

▲ 산굼부리는 용암 분출로 인하여 지하에 생긴 공간으로 지반이 함몰하여 형성된 함몰분화구

이러한 용암 분출에서는 분석구의 분화구에 비해 크기가 작은 분화구가 만들어지는 것이 일반적인 현상인데, 산굼부리에서는 분화구가 넓고 깊다. 132 m에 이르는 분화구 깊이에서 분출이 있었다면 전망대 부근에는 폭발에 의해 만들어진 스코리아와 같은 암편들이 있어야 할 텐데, 용암 분출에 의해 형성된 암석만 분포한다. 마그마 물질이 분출과 폭발을 하게 되면 지하에는 공간이 생기게 되어 지반이 가라앉게 된다. 지반이 가라앉게 되면 원형의 함몰구조가 형성되는데, 이런 함몰구조의 지름이 1 km를 넘으면 칼데라(caldera)라고 하고, 1 km 보다 작으면 함몰분화구(pit crater)라 한다. 산굼부리는 용암 분출을 일으킨 마그마의 공급이 갑자기 줄어들었거나, 마그마가 다른 곳으로 이동함으로서 지하에 공간이 형성되어 위에 있던 암석들이 지금의 깊이로 침강하여 만들어진 함몰분화구이다.

▲ 산굼부리 분화구

교래교퇴적층

제주도에는 화산암 뿐 아니라 화산활동이 멈춘 기간에 형성된 퇴적암도 있다. 퇴적암은 빗물에 씻겨 내려온 커다란 암괴와 미세한 암석 부스러기로 구성되어 있다. 미세한 입자들은 대부분이 화산회이다. 이러한 퇴적암을 교래리에서 남원쪽으로 약 360 m 지점에 있는 하천 바닥에서 볼 수 있다. 퇴적암의 하위의 암석은 장석 반정을 많이 포함하고, 그 상위는 휘석 반정이 드물게 산점해 있다. 퇴적암은 적황색 내지 흑색이며 입도는 점토질이고, 50 cm 크기의 각력상 암편들이 들어 있다.

▲ 용암 하부에 분포하는 교래교퇴적층

▲ 교래교퇴적층 상부에는 크고작은 암괴가 섞여 있으며, 하부로 갈수록 세립화 된다.

크립토돔

돔은 용암이 밖으로 흘러 나와 높은 산체를 이루는 용암돔(lava dome)과 지하에서 돔을 형성하는 크립토돔(crypto-dome)으로 구분한다. 크립토돔이 형성되면 주변에 있는 암석이나 퇴적층이 부풀어져 돔 형상의 지형을 이루게 되는데, 이들 암석과 퇴적층이 침식에 의해 깎여 나가면 하부에 있던 크립토돔이 노출되게 된다.

산굼부리에서 대한항공 비행훈련원(정석비행장)을 거쳐 가시리로 가는 길의 중간 지점에 지름이 약 20 m, 높이 약 7 m인 반구형의 크립토돔이 있다. 암석 내에는 다량의 휘석 반정이 있는 것으로 보아 인근에 있는 소록산 분석구 분출과 관련되었을 것으로 보인다. 돔을 구성하고 있는 암석의 표면에는 이 암석의 부스러기들이 붙어 있고, 매끈한 표면에는 거북등구조와 같은 절리들이 발달해 있다.

▼ 지름이 약 20m이고 높이가 약 7m인 반구형으로 노출되어 있는 크립토돔 (33° 23′ 51.7″ N/126° 44′ 11.4″ E)

산굼부리 피트분화구 형성 과정

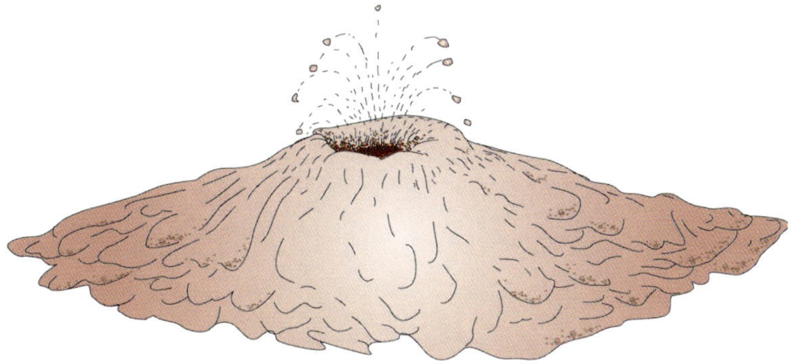

▲ 아아 용암이 흘러 나와 낮은 경사를 갖는 화산체를 만들었다.

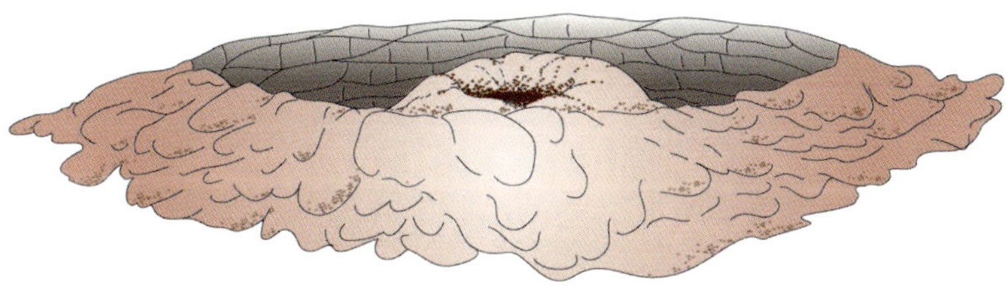

▲ 아아 용암이 흘러 나온 만큼 지하에 빈 공간이 생겼거나, 마그마가 다른 곳으로 이동함으로써 공간이 생겨 분화구 부분이 무너져 내려 함몰 분화구를 만들었다.

06 성산일출봉

길찾기 명칭 | 성산일출봉 | 33° 27' 31" N / 126° 56' 23" E

성산일출봉, 그 탄생의 비밀

푸른 바다 사이에 우뚝 솟은 성채와 같은 모양, 봉우리 정상에 있는 거대한 사발 모양의 분화구, 그리고 그 위에서 맞이하는 일출의 장관 때문에 성산일출봉은 많은 사람들의 감흥과 탄성을 자아낸다. 성산일출봉과 어우러진 경치는 아름답기 그지없지만, 일출봉의 탄생과 성장의 비밀을 알게 되면 지금까지 몰랐던 지질학적 가치와 자연의 아름다움이 일출봉에 숨어 있음을 깨닫게 될 것이다. 어느 선현께서 아는 만큼 보인다고 하지 않았던가?

▲ 바다위 궁전처럼 웅장함을 자랑하는 성산일출봉

1963년 아이슬랜드 바닷가에서 일어난 화산분출

제주도에 있는 수많은 오름 중에서 그 모양과 멋이 가장 두드러진 일출봉에 대해 군계일학이란 표현이 적당하지 않을까? 그렇다면 일출봉은 다른 오름과는 어떤 차이가 있고, 그 차이는 왜 생긴 것일까? 이 의문을 풀기 위해 1963년의 아이슬랜드 바닷가로 시간여행을 떠나보자.

1963년 아이슬랜드의 남쪽 바닷가 한 곳에서 바닷물이 부글거리며 끓고 용암이 분출해서 화산섬이 만들어지기 시작했다. 이 섬이 수면 가까이 성장하게 되자 용암 분출이 멈추고, 바닷물에 뒤섞인 검은 화산재와 물방울, 그리고 하얀 수증기가 거대한 분수와 같이 하늘을 향해 치솟았다. 이렇게 몇 달간 지속된 분출에 의해 만들어진 섬이 바로 섯시(Surtsey)화산이었다.

화산분출하면 높은 화산의 분화구에서 붉은 용암이 흘러나오고 뜨거운 화산재가 버섯구름처럼 하늘로 올라가는 모양을 떠올리던 사람들에게, 바다 속에서 일어난 화산분출은 뜻밖의 일이었다. 전혀 다른 양상의 화산분출을 접한 사람들이 처음 인식하게 된 자연현상이 바로 수성화산 분출이다. 일출봉은 섯시화산과 같은 탄생의 비밀을 갖고 있다.

▲ 성산일출봉의 꼭대기 부분은 분화구의 일부분 이며, 많은 부분이 깎여 나가 웅장한 성 모양을 이루고 있다.

마그마가 물을 만났을 때

제주도 대부분 지역은 온도가 1,200℃에 가까운 현무암질 마그마가 분출한 후 용암이 되어 흐르다가 식어서 만들어진 암석으로 이루어졌다. 이렇게 뜨거운 마그마가 지표를 향해 올라오던 중 지하수를 만나거나, 바닷물이나 호숫물 또는 빙하와 같은 얼음을 만난다면 어떤 일이 일어날까?

마그마나 용암은 급히 식고 물은 끓게 되는데, 이런 냉각과 가열반응은 매우 격렬하게 일어나 큰 폭발을 일으키게 된다. 물이 풍부한 지역에 마그마가 관입한 것이 바로 1963년 아이슬랜드의 섯시화산과 일출봉을 만든 수성화산활동의 원인이다.

마그마나 용암이 물에 의해 급격히 냉각되며 산산이 부스러져 분출한 화산재는 우리가 주변에서 흔히 보는 흑색 유리와 같다. 이렇게 수성화산활동에 의해 생긴 유리질 화산재가 쌓여 만들어진 소규모 화산체를 '응회구' 또는 '응회환' 이라 한다. 제주도에 분포하는 대부분의 오름은 '분석구'인데, 이들은 구성 물질, 화산체의 크기와 형태가 응회환(응회구)과 다르다.

응회환은 분화구가 대체로 크고 깊으며, 분화구 주변의 화산재층이 작은 경사(15° 이내)와 낮은 높이(100 m 이내), 그리고 넓은 분포를 갖는다. 반면 응회구는 분화구가 지면보다 훨씬 높은 곳에 위치하고, 화산재층이 큰 경사(30° 내외)와 높이(100 m 이상)를 가지고 있다. 분화구의 바닥이 해발 90 m에 있으며 높이가 180 m에 이르고, 경사가 30°를 넘는 유리질의 화산재층으로 구성된 일출봉은 전형적인 응회구에 해당된다.

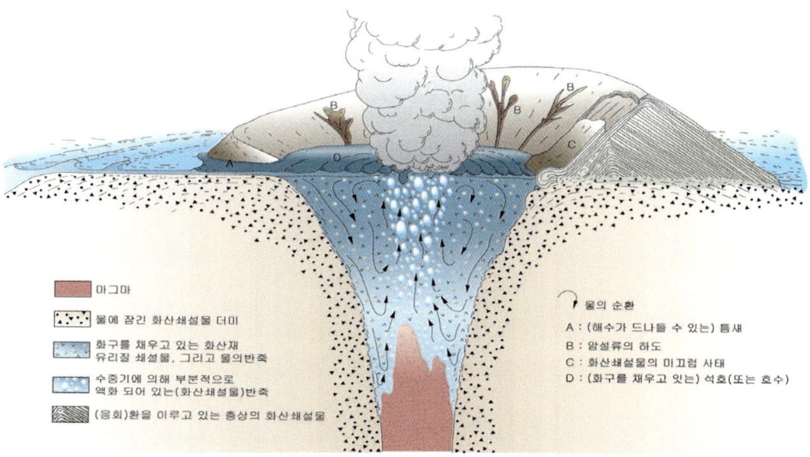

▲ 섯시형 화산폭발 모식도

일출봉의 다양한 구조와 지층들

일출봉은 섯시형 화산의 다양한 구조들과 내부구조를 잘 보여주는 세계적인 화산체이다. 그 이유는, 일출봉이 형성된 후 수 천년 동안 바닷물이 화산재층을 깎아 침식절단면을 만들어 놓았기 때문이다. 이 단면에는 일출봉의 탄생과 성장의 비밀을 알아낼 수 있는 다양한 구조들이 나타나 있다.

일출봉에서 우리가 가장 쉽게 관찰할 수 있는 구조는 황갈색 또는 짙은 회색의 응회암층들이 무수히 쌓여 만들어진 층리이다. 화산재가 화구 근처에 겹겹이 쌓이면 사면의 경사는 점점 가파르게 되는데, 이때 사면이 그대로 유지될 수 있는 경사각에는 한계가 있다.

물질이 쌓이다가 어느 한계점에 이르면 더 이상 쌓이지 못하고 미끄러지거나 무너지게 되는데, 이러한 경사 각도를 안식각이라 한다. 자연 환경에서 가장 높은 안식각을 갖고 쌓을 수 있는 자갈도 안식각이 35° 인데, 일출봉의 응회암 층들이 보여주는 경사는 최대 45° 에 이르고 있다. 어떻게 일출봉의 화산재들은 안식각보다 훨씬 가파른 사면에 쌓일 수 있었을까?

그 원인은 일출봉의 화산재들이 분출할 당시 물기를 머금고 있어서 안식각보다 가파른 경사면에 쌓일 수 있었기 때문이다. 바싹 마른 모래로는 모래성을 쌓을 수 없지만 축축한 모래로는 여러 모양을 만들 수 있는 것처럼 말이다. 우리가 스쳐지나가며 보아 왔던 일출봉의 가파른 경사는 수성화산활동의 산물이었기에 가능했던 것이다.

◀ 미끄러진 응회층이 반복적으로 겹쳐져 만들어진 구조 (33°27′29.9″N/126°56′17.4″E)

밑에 있는것일 수록 길이가 길어지는 현상은 변위가 크다는 것을 의미한다. 즉 미끄러진 개개의 층은 윗부분 것이 먼저 생기고 아랫부분의 것이 상대적으로 후에 생겼을 가능성이 크다.

일출봉의 화산재가 축축이 젖은 상태에서 쌓였다고는 하나 가파른 경사면에서는 불안정하기 마련이다. 그래서 가파른 경사면에 쌓인 화산재층들이 가끔 무너져 화산체의 사면 아래쪽에 여러 개의 층들이 기왓장을 포개 놓은 듯이 겹쳐진 양상으로 나타난다. 이런 구조는 사면에 놓여있던 응회층이 미끄러져 내려와 겹쳐지고, 다시 그 아래 부분이 미끄러져 내려 겹쳐지는 현상이 반복적으로 발생할때 형성되며, 응회층이 한덩어리로 사면을 따라 미끄러질 수 있을 정도로 화산재가 충분한 끈기를 갖고 있어야 가능하다.결국 일출봉의 화산재가 수성화산활동에 의해 축축하고 끈끈한 상태로 쌓였음을 지시하는 것이다. 이러한 구조는 섯시형 분출에 의해 만들어진 세계 각 곳의 응회구에서도 관찰되고 있다.

화산분출 물질을 화산재(volcanic ash)라고 부르지만, 화산재는 엄밀히 말해 모래와 같거나 모래보다 작은 크기(2 mm 이하)의 입자들만을 일컫는다. 화산재보다는 크고 64 mm 보다는 작은 입자는 화산력(lapillus)이라고 부른다. 일출봉의 화산력을 자세히 살펴보면 화산재가 수 mm 두께로 피복되어 있는 것을 볼 수 있다.

어떻게 해서 화산재가 화산력에 달라붙게 되었을까? 다량의 물이 마그마와 섞이면서 수성화산활동이 일어날 경우, 습기를 머금어 끈끈한 상태인 화산재는 콩알처럼 뭉치기도 하고 화산력의 표면에 달라붙기도 한다.

▲ 가파르게 경사진 층리 (33˚27′29.7″N/126˚56′13.6″E)

이렇게 만들어진 화산력을 부가화산력 또는 피복화산력이라 하며, 이런 화산력들이 일출봉에 많이 나타나는 것은 수성화산활동이 물이 풍부한 상태에서 일어났음을 의미한다.

수성화산활동이 일어나게 한 물은 어디서 왔을까? 일출봉이 바닷가에 위치해 있으니 바닷물이 이용되었을 가능성이 크다. 일출봉의 남쪽 해안 절벽 하부에 일출봉 형성 당시의 해수면을 지시하는 구조가 있다. 이 구조에는 해수면 위에서 화산회와 화산력이 낙하하여 만들어진 지층과 탄낭, 얕은 바다 속에서 화산쇄설물이 파도에 씻기며 퇴적되었음을 보여주는 사층리가 연속적으로 기록되어 있다. 탄낭이 있는 높이가 일출봉 형성 당시의 해수면이었으며, 그 높이가 현재의 해수면과 거의 일치한다. 그러므로 일출봉이 현재와 같이 얕은 바다 속에서 분출하였으며, 일출봉의 대부분이 해수면 위에서 쌓였음을 뜻한다.

일출봉응회구는 형성된 직후 침식작용을 받았다. 침식작용에 의해 바닷가까지 운반된 물질들은 파도와 해류에 의해 둥글게 마모되고 여러 종류의 조개화석을 갖는 퇴적층을 만들었다. 이 퇴적층이 성산반도의 바닷가를 따라 넓게 분포해 있는 신양리층이다. 신양리층의 기원물질은 일출봉응회구를 이루던 화산재와 화산력들이다. 이 층은 바다 쪽을 향해 완만히 경사진 얇은 지층들로 이루어져 있는데, 이러한 지층들은 주로 파도가 치는 백사장이나 연안지역에서 만들어지는 것으로 알려져 있다. 신양리층에 포함된 조개화석의 연대를 분석한 결과, 이 층은 약 5,000년 전부터 쌓인 것으로 해석되며, 따라서 일출봉은 이시기 이전에 형성된것으로 보인다. 신양리층은 일출봉을 조망하기에 좋은 위치를 제공해 줌은 물론 일출봉 형성 전후의 해양환경을 알려주는 중요한 지층이다.

▲ 작은 알갱이를 화산재가 피복하여 만들어진 탁구공 크기의 부가화산력
(33° 27′ 16.1″ N/126° 56′ 24.7″ E)

▲ 일출봉 형성 당시의 해수면을 지시하는 구조

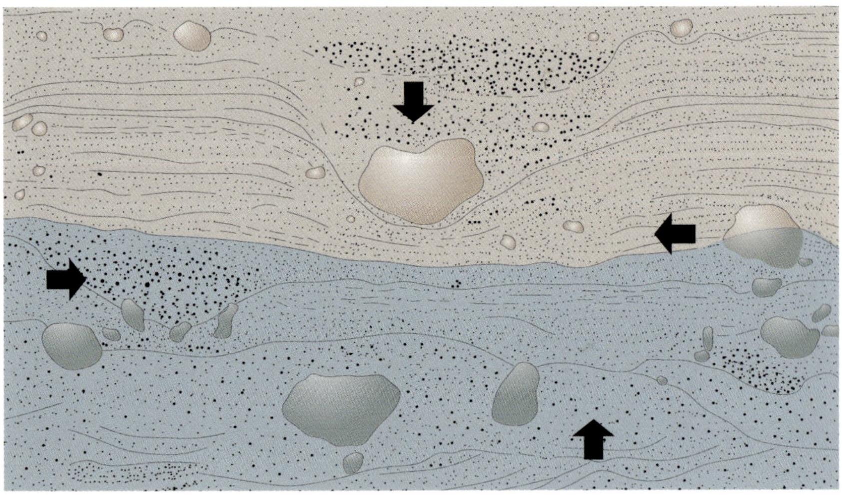

▲ 해수면을 지시하는 판상의 층리(⬅)를 경계로 상부에는 화산재와 화산력이 낙하하여 만들어진 탄낭구조(⬇)가 있는 층상의 화산력 응회암이 분포하고, 아래 부분에는 사층리구조(⬆)와 깎고 채운 지층(➡)이 있어 얕은 바다 속에서 화산쇄설물이 파도에 씻기며 퇴적되었음을 보여준다. 따라서 중간 부분을 따라 일출봉 형성 당시의 해수면이 놓여 있었던 것으로 보이는데, 그 높이가 현재의 해수면과 거의 일치한다. 그러므로 일출봉이 현재와 같이 얕은 바다 속에서 분출하였으며, 일출봉의 대부분이 해수면 위에서 쌓였음을 뜻한다.(33° 27′ 30.2″ N/126° 56′ 16.2″ E)

▲ 절벽의 아래쪽 지층은 왼쪽으로 완만히 경사져 있으며 층리가 연속적이고 평행한 형태를 갖는다. 반면 절벽 위쪽의 지층은 경사가 거의 수평에 가깝지만 층 하나하나는 연속적이지 못하여 아래쪽 지층과 확연히 구별된다. 이 사진의 위쪽 지층은 일출봉의 분출이 끝난 후, 가파른 경사면에 쌓여있던 화산재와 화산력들이 빗물에 씻기고 크고 작은 사태를 일으키며 일출봉의 가장자리로 흘러내려 쌓인 지층들이다. 상하부의 지층을 비교해봄으로써 화산기원의 1차 퇴적작용과 침식에 기인한 2차 퇴적작용의 차이점을 분명히 구별할 수 있다. (33° 27′ 30.9″ N/126° 56′ 05.1″ E)

▲ 일출봉이 파도에 씻기며 만들어진 신양리층 (33° 27′ 16.7″ N/126° 55′ 40.6″ E)

일출봉의 분출과 형성과정

일출봉은 현무암질 마그마가 얕은 바다 밑에서 분출하며 형성되기 시작하였다. 수심이 낮은 곳에서 분출이 시작되었기 때문에 분출 초기부터 폭발적인 분출을 하였다. 다량의 물이 마그마와 섞이며 폭발이 일어나 화산재와 화산력은 많은 물을 머금은 채 차갑고 끈적끈적한 상태로 분출하였다. 수백 m 높이의 분수처럼 솟구친 화산재와 화산력들은 화구 주변에 한 겹씩 쌓이며 다른 화산에서는 보기 힘든 뚜렷한 층리를 만들어 갔다. 화산재가 차곡차곡 쌓임에 따라 안식각(30°)을 훨씬 넘는 가파른 경사면을 가진 응회구가 만들어져 갔다. 가파른 경사로 인해 응회구의 사면에선 종종 크고 작은 사태가 일어났고 지층의 변형이 일어났다. 화산분출이 끝난 후에는 빗물과 유수에 의한 침식이 일어나 일출봉의 가장자리를 따라 재동된 퇴적층이 쌓이게 되었다. 바닷가까지 운반된 화산기원 물질들은 파도와 해류의 작용을 받으며 퇴적되어 신양리층이란 현세 퇴적층을 만들었다.

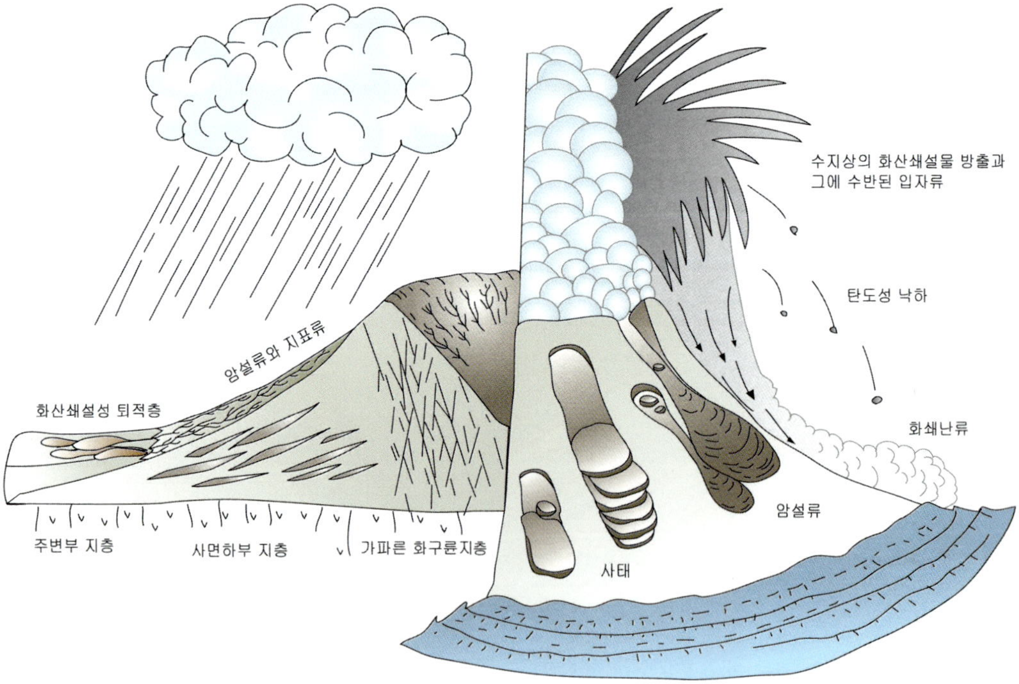

▲ 수면 위로 성장한 섯시형 응회구의 형성모식도. 화산쇄설물의 수지상 방출과 재퇴적작용(우측), 그에 따른 퇴적상 조합(좌측)을 보여주고 있다. (손영관 자료 인용)

07 우도

길찾기 명칭 | 우도 | 33° 29' 30" N / 126° 57' 51" E

소머리오름

성산항에서 약 3.5 km 떨어져 있는 우도를 보면 오른쪽이 약간 높고 왼쪽으로 서서히 낮아진다. 오른쪽의 높은 부분은 응회구이며 왼쪽으로는 현무암이 있다. 우도는 응회구와 분화구 중심부에 위치한 분석구, 그리고 이를 덮고 있는 현무암으로 이루어져 있다. 이러한 지질 분포는 분출 양상이 수증기-마그마성 분출에서 스트롬볼리형 분출로, 그리고 마지막에는 용암이 분출하였음을 의미한다. 소머리오름으로 불리는 응회구는 초승달 또는 말발굽 모양을 지니고 있는데, 분화구 직경이 약 1,000 m이며, 높이는 132 m이다.

▲ 하늘에서 바라 본 우도

▲ 성산항에서 바라본 우도 전경. 오른쪽은 응회구(소머리오름), 왼쪽은 소머리오름에서 흘러나온 현무암이 완만한 경사를 갖고 분포한다.

천진항에서 남쪽 해안 도로를 따라 500 m 지점에서 응회구 내부를 관찰할 수 있다. 이곳에 분화구 중심부가 노출되어 응회구, 분석구, 그리고 계곡을 채운 현무암을 볼 수 있다.

수성화산 분출이 일어 날 때 화산 폭발 충격이 지층을 교란시켜 분화구 주변에 많은 퇴적 동시성 단층이 형성된다. 또한 분출 기간 중에 쌓인 응회물질이 화구(vent)로 함몰이 일어나 화도(conduit)가 이동하게 되는데, 이 결과 쌓인 응회물질의 층리는 이전의 것과 다르게 나타난다.

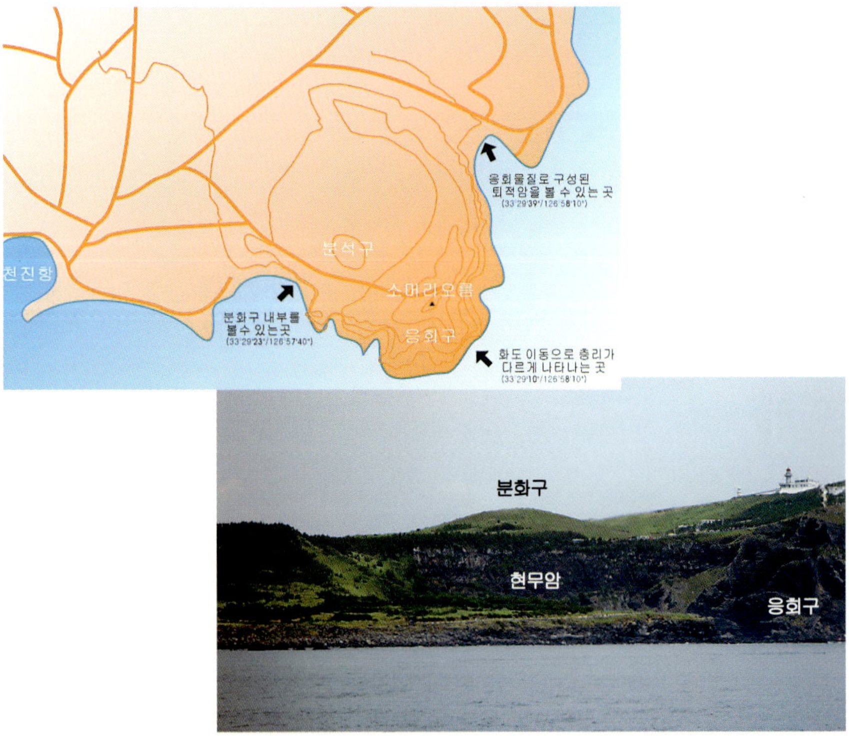

▲ 깍여 나간 응회구 중심부. 응회구 분화구 내에 분석구가 위치하고 계곡에 현무암이 채워진 양상을 볼 수 있다. (33°29' 34.7"N/126°57' 32.6"E)

▲ 수성화산활동 기간 중에 퇴적 동시성 단층들이 응회물질로 구성된 지층을 절단하여 생긴구조 (33° 29' 34.7" N/126° 57' 22.6")

▲ 응회퇴적물의 지층경사 방향이 다르게 나타나는 것은 화구가 각기 달랐다는 것을 의미한다. (33° 29' 34.7" N/126° 58' 02.6" E)

우도 응회구에는 여러 종류의 암편이 들어 있는데, 이들 암편은 수성화산이 폭발한 지하에 분포해 있던 암석을 의미한다. 이들 암편 중에 유문암과 산성 용결응회암 파편이 있는 것으로 보아 제주도 지하 깊은 곳에는 이러한 암석이 기반을 이루고 있다는 것을 알 수 있다. 또한 분포 심도를 알 수 있다면 수성화산 폭발 깊이도 계산할 수 있다.

우도 응회구가 형성된 뒤에 분화구를 현무암이 채웠다. 이 현무암은 두께가 30 cm로 얇은 파호이호이 용암으로, 이러한 두께의 용암이 여러 겹으로 쌓인 것을 복합용암류(compound flow)라 한다.

용암이 흐른 뒤에 응회구를 이루고 있던 응회물질이 빗물 등에 운반되어 퇴적층을 만들었다. 구성 물질은 응회구와 같지만, 지층의 경사와 퇴적 구조가 다르게 나타난다. 이 퇴적층에는 깎고 채운 구조, 사층리, 점이층이 형성되어 있다.

▶ 우도 응회구에 들어 있는 유문암과 산성 용결응회암 암편. 제주도 지하 깊은 곳에는 이러한 암석이 기반을 이루고 있다. (33° 29' 34.7" N/126° 57' 32.6" E)

▶ 복합용암류(compond flow)로 흐른 용암이 분화구를 채웠다. (33° 29' 34.7" N/126° 57' 32.6" E)

▶ 응회구에서 운반된 퇴적물은 응회암에 비해 완만한 경사이다. (33° 29' 50.7" N/126° 58' 02.6" E)

서빈백사

우도 서쪽 상우목동 해안에는 아주 특이한 모래로 이루어진 백사장이 있다. 대체로 제주도내 해수욕장의 모래들은 조개껍질이나 암석 파편으로 이루어져 있는데 반해 이곳의 모래는 눈이 부시도록 흰색을 띠며, 크기와 모양도 일반 모래와는 사뭇 다르다. 따라서, 예로부터 사람들은 이곳의 모래를 '산호모래' 라 불러 왔으며, 우도에서 빼어난 경관 중의 하나인 '서빈백사(西濱白沙)' 로 부르고 있다[1].

이곳에 분포하는 모래는 저위도부터 고위도의 전 세계 해양에 분포는 홍조류의 일종인 홍조단괴(紅藻團塊, Rhodolith) 모래로 밝혀졌으며, 그 홍조단괴를 이루는 홍조류는 덮개상 홍조류의 일종인 *Lithophyllum sp.*로 밝혀졌다. 문화재청은 홍조단괴의 학술적 가치를 높이 평가해 2004년 4월 9일 천연기념물 438호로 지정하였다.

우도와 성산포(또는 종달리) 사이 해저는 오목한 골짜기 지형을 이루며, 수심은 평균 15 m 정도(최대 20 m)로 얕지만 유속이 1.3~1.5 m/s로 빠른 편이다. 해저는 주로 견고한 암반층으로 이루어져 있으며, 이 암반 위에 홍조단괴를 포함한 탄산염 퇴적물이 덮고 있다. 우목동 해안에 분포하는 홍조단괴 해빈은 이 곳 해저에 분포하는 홍조단괴가 오랜 기간 동안 파도에 밀려와 퇴적되어 형성된 것이다. 홍조단괴의 모양은 구형, 타형, 원반형에서부터 불규칙한 형태까지 매우 다양하며, 연평균 성장률은 0.25 mm/year로 추정되었다. 따라서, 평균 직경 7 cm 크기의 홍조단괴가 성장하기까지는 약 100년 정도 걸린 것으로 추정되고 있다.

▲ 우도 서빈백사

각주1)
우도에서 빼어난 경관을 자랑하는 8곳을 우도팔경이라 한다. 주간명월(晝間明月), 야항어범(夜航漁帆), 천진관산(天津觀山), 지두청사(指頭淸沙), 후해석벽(後海石壁), 동안경굴(東岸鯨窟), 서빈백사(西濱白沙)이다.

제주도 북쪽 해안에는 대부분 패사로 이루어진 사빈 또는 사구들이 여러 지역에 분포하고 있다. 그러나 우도의 해빈은 패사가 아닌 홍조사 또는 홍조단괴로 되어 있어 학술적으로 매우 중요한 가치를 갖는다. 우도의 해빈을 이루는 홍조단괴의 직경은 1 cm 내외부터 5~8 cm 정도로 매우 다양하게 나타난다. 우도의 해안가에 발달한 백색의 홍조단괴 해빈은 길이가 약 300 m, 폭이 약 15 m 이며 이 지역에 분포하는 흑색의 현무암과 매우 대조적인 모습을 보여준다. 이 지역의 해안가에 발달한 홍조단괴 해빈은 과거에는 '산호사해빈' 으로 잘못 알려져 왔으나, 해빈 퇴적물을 이루는 구성요소가 홍조단괴임이 밝혀졌다. 우도 해안가에 서식하는 홍조류는 광합성을 하여 세포 혹은 세포사이의 벽에 탄산칼슘을 침전시키는 석회조류 중의 하나로 해저에서 현재 서식하고 있는 홍조단괴의 경우에는 보통 직경이 4~5 cm이며 형태는 전체적으로는 구형이며 표면이 울퉁불퉁한 모습을 보여준다. 보통 홍조단괴의 내부조직과 생식기관은 잘 보존되어 있다. 외국에서는 미국의 플로리다, 바하마를 비롯한 여러 지역에서 홍조단괴가 보고되며, 주로 암초주변에서 관찰되고 있다. 하지만 우도에서와 같이 홍조단괴가 해빈의 주 구성퇴적물을 이루는 경우는 매우 드물어서 학술적 가치가 높다.

– 문화재청 –

▲ 서빈백사를 이루고 있는 홍조단괴

08 섭지코지

길찾기 명칭 | 섭지코지 | 33° 25' 39" N / 126° 55' 59" E

섭지코지

섭지코지 지역에는 분석구에서 흘러 나온 아아 용암에 의해 낮은 구릉을 이룬 조면현무암이 분포한다. 성산일출봉이 형성될 때 운반 퇴적되어 만들 어진 성산층이 조면현무암을 덮었고, 곳곳에 풍성 사구가 있다.

제주도에는 360여개의 오름이 있는데, 이 가운데 약 340여개는 분석구이다. 평평한 대지위에 아기자기하게 늘어선 분석구가 만들어내는 아름다운 경치는 제주도에서 으뜸가는 자랑거리 일 것이다. 분석구가 어떤 과정을 거쳐 형성되고, 그 속에는 어떤 비밀이 숨어 있는지 알아보기 위해 섭지코지로 가보자. 섭지코지 해안에는 분석구가 침식되어 분석구의 중심부인 화도와 이로부터 멀리 날아가 쌓인 스코리아층까지 노출되어 있다. 이렇게 분석구의 중앙부부터 외곽부까지 모두 관찰할 수 있는 곳은 제주도에서도 섭지코지가 유일한 곳이다.

분석구 형성과정

마그마가 상승하면 휘발 성분은 기포를 형성하게 되는데, 기포는 비중이 낮아 마그마를 뚫고 빠르게 상승하여 폭발을 일으키게 된다. 폭발에 의해 마그마가 작은 덩어리(6cm 이하 크기)로 분출되어 굳은 것을 스코리아라 하고 큰 덩어리(6cm 이상 크기)는 스페터 혹은 화산탄이라 한다.이러한 분출 양상을 스트롬볼리형 분출이라 하며, 분출 높이는 대략 500 m에 이른다. 이 분출에서는 2 mm 이하 크기의 작은 화산회는 분화구에서 멀리 날아가고 큰 알갱이만 분화구 주위에 쌓여 분석구가 만들어진다. 현무암질 마그마에서 만들어지는 스코리아는 검은 색을 띠고 기공이 많지만, 유문암질 마그마가 분출하여 만든 하얀색의 부석처럼 물에 뜨지는 않는다. 붉은 색의 분석은 마그마에서 올라온 뜨거운 증기에 의해 산화된 것이며, 이런 증기가 미치지 않은 곳의 분석은 검은 색을 띤다. 화산탄은 빠른 속도로 올라온 거대한 기포가 폭발하면서 큰 덩어리의 마그마를 뿜어내고, 이 마그마 덩어리가 공중에서 회전하면서 여러가지 모양으로 굳어서 떨어진 것이다. 굳지 않은 상태의 화산탄이 쌓여 서로 엉켜 굳게 되면 집괴암이 된다. 이렇게 급히 집적된 집괴암은 식을 틈도 없이 하중에 의해 눌리게 되면 용암처럼 유동하게 되는데, 이를 크라스토제닉 용암이라 한다.

▲ 높은 압력의 마그마 속에 녹아 있던 휘발성분은 마그마가 상승하여 압력이 낮아지면 마그마 속에 기포를 형성한다. 기포들은 서로 합쳐져 크기가 증가하여 압력이 더욱 높아지고, 마그마 보다 빠른 속도로 상승하여 폭발한다. 이 때 다소 굳은 마그마가 작은 크기로 깨어져 나오면 분석(스코리아)이 되고, 큰 덩어리로 뿜어 나오게 되면 화산탄이 된다.

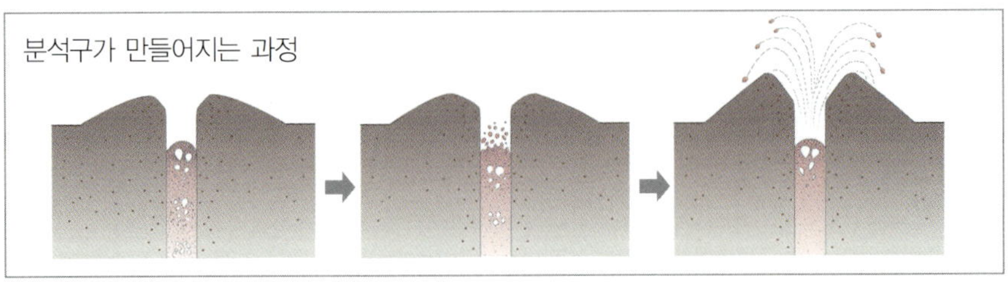

▲ 기포들이 서로 합쳐져서 큰 기포를 만들면 빠른 속도로 상승하여 폭발하게 되며, 분석구는 이러한 폭발이 반복적으로 일어날 때 형성된다.

▶ 기공이 많고 검은색을 띠는 분석(스코리아) (33° 25′ 38.0″ N/126° 35′ 58.8″ E)

▶ 스페터와 화산탄이 쌓여 굳은 집괴암 (33° 25′ 37.8″ N/126° 56′ 00.6″ E)

▶ 완전히 굳지 않은 스페터와 화산탄이 하중에 의해 눌리면서 유동한 크라스토제닉 용암. 길게 늘어난 화산탄이 관찰된다. (33 25′ 36.8″ N/126° 56′ 04.5″ E)

▲ 스트롬볼리형 분출에서 터져 나온 암편이 쌓여 분석구를 만든다. 터져 나온 큰 크기의 화산쇄설물은 분화구 주변에 쌓이고, 작은 크기의 알갱이들은 멀리까지 날아가 쌓인다. 분화구 가까이에 화산탄이 쌓이면 집괴암이 되고, 두껍게 쌓인 화산쇄설물이 용암처럼 다시 흐르게 되면 크라스토제닉 용암이 만들어진다. 이런 용암에는 스페터나 화산탄이 길게 늘어난 흔적이 남아 있다.

섭지코지에서 볼 수 있는 지질

섭지코지에서는 아아 용암에 의해 형성된 암석과 분석구의 형성과정 중에 만들어진 다양한 지질현상을 관찰할 수 있다.

섭지코지 일대의 아아 용암은 섭지코지에 있는 분석구에서 흘러나온 것으로 표면이 매우 거칠고 크고 작은 암편들이 서로 뒤엉켜 있다. 이 암석 위를 걷는 것은 매우 힘들거나 위험하며, 경관적으로도 아름답지 못하여 이런 지형을 악마의 정원이라고 부르기도 한다.

▼ 아아 용암에서 만들어진 클링커가 암석 표면을 덮어 매우 거친 지형이 형성되어 있다. (33° 25′ 23.0″N/126° 55′ 47.8″E)

주차장에서 봉수대로 가는 언덕길에서는 동쪽 절벽 아래에 있는 용암수로를 볼 수 있다. 높이가 5 m 정도 되는 얇은 판상의 암석이 양쪽으로 거의 수직의 용암벽을 이루고 있는데, 그 사이가 바로 용암이 흘렀던 수로이다. 용암벽을 이루고 있는 판상의 암석에는 주먹 크기의 클링커들이 붙어 있는 것을 볼 수 있다. 해안에 노출되어 있는 암석과 용암수로의 암석을 덮고 있던 클링커들은 모두 바닷물에 의해 침식되었다.

▲ 아아 용암이 흘렀던 수로의 가장자리에 판상의 용암벽이 형성되어 있다. (33° 25′ 25.0″ N/126° 55′ 52.2″ E)

▲ 용암벽에는 길게 늘어난 암편들이 많이 들어 있다. (33° 25′ 25.0″ N/126° 55′ 51.9″ E)

전망대에서 등대와 선돌 바위를 볼 수 있다. 등대 왼쪽으로 완만하게 경사진 층상의 스코리아층은 바닷물이 깎아 내고 남은 분석구의 일부분으로, 스트롬볼리형 분출에 의해 터져 나온 화산쇄설물이 집적되면서 만들어졌으며 층리가 발달한다. 스코리아층의 밑 부분은 검붉은 색이며 상부는 검은색으로 구분된다.

선돌바위는 높이가 대략 10 m 정도 되는데, 주변에 퇴적된 스코리아층의 층리를 연속해서 그려보면 선돌바위는 화도에 있던 마그마가 굳어져 형성된 암경(volcanic neck)에 해당된다. 선돌바위는 화산폭발이 일어난 분화구의 중심부를 나타내고 있는 것이다.

▼ 선돌바위는 분석구를 만든 분화구의 중심부에 해당되고, 등대 밑 부분이 분화구의가장자리에 해당된다. 분화구 중심부에서 왼쪽의 가장자리로 가면서 암편의 크기가 작아지고, 층리가 점점 뚜렷해진다. 암석의 색깔은 검붉은색에서 검은색으로 변한다.

▼ 선돌바위에서 분화구의 가장자리에 해당되는 부분까지 복원한 모습

암경이 있는 해안의 암석에는 다른 암석 조각들이 흩어져 박혀 있는데, 그 모양은 길게 늘어나 있고 색깔도 다르다. 이것은 용암이 흐르면서 그 위로 떨어져 포획된 스페터나 화산탄의 모양을 길게 신장시킨 흔적으로, 이런 용암을 크라스토제닉 용암이라 한다. 또한 화산탄이 서로 엉겨 붙어 만들어진 집괴암도 볼 수 있다.

▲ 선돌바위는 분석구를 만든 화산분출의 통로에 자리하고 있다. (33° 25′ 36.7″ N/126° 56′ 05.0″ E)

▲ 분화구 근처에 있는 크라스토제닉 용암에서는 화산탄(스페터)과 스코리아가 길게 신장된 현상을 수 있다. (33° 25′ 37.5″ N/126° 56′ 02.8″ E)

09 서귀포층

길찾기 명칭 | 서귀포층 | 33° 14' 22" N / 126° 33' 27" E

서귀포층이란?

서귀포시 천지연 폭포 서쪽 '새섬' 앞 해안가에 패류화석을 많이 포함한 지층을 1928년 原口九萬(Haraguchi)가 '서귀포층(Seikipo Formation)'이라 명명한데서부터 유래되었다. 이 층은 30 여 m 높이로 약 1 km 지역에 걸쳐 지상에 노출되어 있으며, 1968년 천연기념물 제195호로 지정되었다. 그러나, 1970년대부터 제주도의 여러 곳에서 지하수 개발 시추가 이루어지면서 지하에도 서귀포층이 분포하고 있음이 알려지기 시작하였고, 제주도 화산층서의 층준(層準 , stratigraphic horizon)이 되고 있다.

▲ 서귀포층과 그 위를 덮고 있는 조면질안산암

암상 및 퇴적상

이 층은 역질사암, 사암, 사질이암, 이암 및 유리쇄설암(hyaloclastite)으로 이루어져 있고, 패류화석을 비롯하여 성게, 유공충, 완족류, 개형충, 산호 등의 해양생물 화석은 물론 수직(Skolithos) 및 수평방향성(Thalassinoides)을 갖는 생흔화석을 많이 포함하고 있다. 또한 평행엽리, 분급층리, 파형층리(wavy bedding), 맥상층리(flaser bedding), 사층리(cross bedding), 사연흔 엽리(cross ripple lamination) 등의 퇴적구조도 관찰할 수 있다.

육상에 노출된 서귀포층은 암상, 퇴적구조, 침식경계면, 생물교란 및 화석 포함 여부 등에 따라 10개의 층 단위와 4개의 화석 비포함 층단위로 구분할 수 있다. 이들 층 단위는 역질모래, 모래, 점토질모래, 점토(泥)로 분류되는 조직특성과 생물교란, 괴상, 점이층리, 평행층리, 연흔 및 언덕층리 등의 퇴적구조를 조합하여 모두 12개의 퇴적상으로 구분할 수 있다.

▲ 서귀포층을 이루고 있는 지층. 서귀포층은 주로 응회물질로 이루어져 있다.

퇴적환경

서귀포층은 다양한 종류의 해양생물 화석뿐만 아니라, 원마도가 양호한 크고 작은 현무암질 암편, 응회질 성분이 우세한 사암, 석영과 장석을 다량 함유한 미교결 모래층, 그리고 점토층 등으로 이루어져 있어 퇴적물의 공급원과 퇴적환경에 대한 연구가 많이 수행되었다.

서귀포층을 구성하는 물질의 대부분은 화산쇄설물과 현무암질 암편으로서, 수중화산활동으로 만들어진 응회암층과 인근 육상의 응회암층으로부터 재동된 것들이 바다로 유입되어 연안과 천해퇴적환경에서 퇴적된 것으로 해석되고 있다. 또한, 해양생물 화석종으로 볼 때, 퇴적기간 중에는 난류와 한류 환경의 지배도 받았던 것으로 해석되고 있다. 서귀포층은 육상의 화산쇄설물을 재동하여 바다로 공급하는 삼각주, 폭풍쇄류에 의해 형성된 연안의 생물편 뱅크, 연안 및 대륙붕 등 다양한 천해퇴적환경에서 형성된 퇴적층이다.

▲ 퇴적 기간 중에 벌레들이 퇴적물을 파고 들어가 살았던 흔적

지하분포 상태

서귀포층은 지하에도 광범위하게 분포하고 있으나, 지역에 따라 분포심도가 다를 뿐 아니라, 층의 두께와 암상에서도 차이를 나타낸다. 남부지역의 경우, 안덕면 사계리-남원읍 위미리 사이 지역은 평균 해수면 상부에 분포하고 있으며, 특히 남부 서귀포 일대와 북부에서 한라산체와 가까워질수록 평균 해수면 위 100 m에서 발견된다. 이와는 반면, 동부지역은 표선-조천으로 연결되는 EL.~60 m 등심선을 기준으로 동쪽을 향해 점진적으로 깊어져 신양리-행원리 사이 지역에서는 EL.~100 m 이하에서 포착되고 있다. 서부지역에서는 대체로 EL.~50 m 내외의 깊이에서 포착되고 있으나, 무릉리와 영락리 일부 지역에서는 EL.~60 m 이상 깊은 위치에 분포한다.

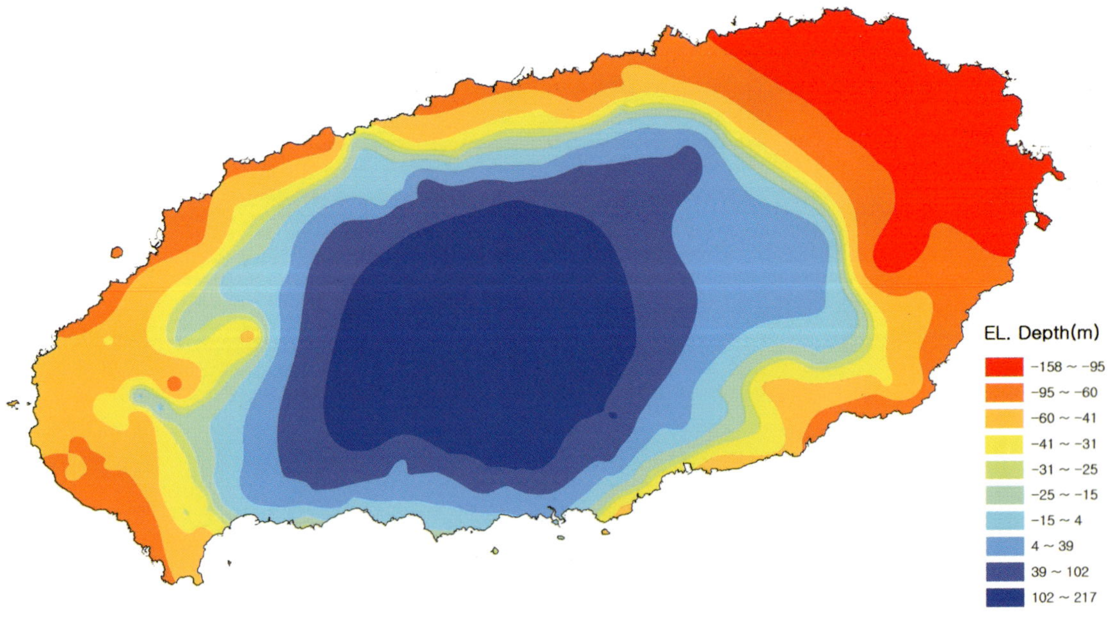

▲ 서귀포층 지하분포도. EL. 은 해수면 기준 깊이를 의미한다.

서귀포층의 지질시대

서귀포층의 지질시대는 패류화석, 유공충, 석회질 초미화석 등 화석감정과 고지자기 연구로부터 추정되었으며, 연구자들에 따라 지질시대를 플라이오세[1], 플라이스토세[2], 플라이오세-플라이스토세[3]의 지층이라는 해석이 있다. 노두 및 지하에 분포하는 서귀포층의 석회질 초미화석(Calcareous Nannofossils)에 대한 연구결과(1.72~0.85Ma)와 서귀포층 노두 및 상위 화산암에 대한 고지자기 연구결과(1.88~0.73Ma), 그리고 서귀포층 노두를 피복하고 있는 천지연조면안산암과 서귀포층 노두 옆 온천공 시추코아(현무암질조면안산암, 지하 135 m)에 대한 절대연령 측정결과(노두 0.41Ma, 시추코아 0.44±0.02Ma)를 종합하면, 서귀포층의 지질시대는 1.8~0.4Ma라 할 수 있다.

▲ 다양한 퇴적구조를 보여주고 있는 서귀포층

각주)

1)플라이오세 지층이라는 주장(Yokoyama, 1923; Taneda et al., 1970; 김봉균, 1972, 1984, Yoon, 1988)

2)플라이스토세 지층이라는 주장(Haraguchi, 1931; 윤상규외 2인, 1987, 원종관외 2인, 1993; Kang, 1995, Li et al., 1999)

3)플라이오세-플라이스토세 지층이라는 주장(박근배외 2인, 1986; 유환수외 2인, 1987; 이의형, 1990; 이성숙외 3인, 1995, 강소라, 2003)

▲ 조개화석들이 많이 들어 있는 서귀포층. 조개들은 볼록한 면이 위를 향하고 있어서 파도에 의해 굴러 다니다가 안정한 위치를 찾아 쌓였음을 알 수 있다.

10 대포동 주상절리

길찾기 명칭 | 대포동 주상절리 | 33° 14' 14 "N / 126° 25' 30" E

서귀포시 대포동 해변에는 딱딱한 암석이 성냥개비를 세워 놓은 모양으로 갈라져 있는데, 이것을 주상절리라고 한다.이 암석은 암석화학조성상 전이질현무암에 해당하며, Ar-Ar 연대측정결과, 54±23ka를 나타내었다. 주상절리는 액체 상태의 용암이 고체인 암석으로 굳으면서 부피가 줄어들어 생긴다. 이런 현상은 가뭄에 논바닥이 갈라지는 현상과 같으며, 주상절리 모양과 논바닥이 갈라진 모양을 비교해 보면 서로 비슷하다는 것을 알 수 있다.

▲ 깎여나간 대포동주상절리의 윗면 (33° 14' 13.2" N/126° 25' 31.8" E)

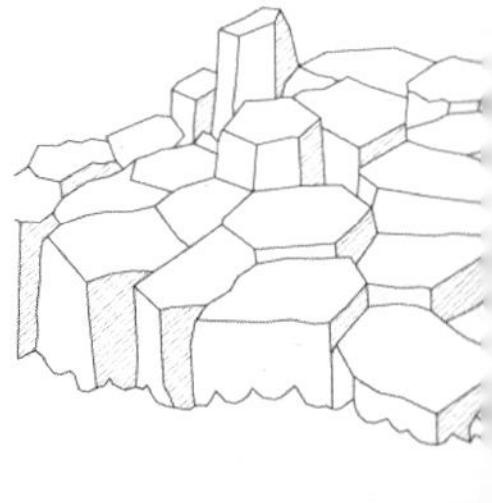

▲ 대포동주상절리. 바다물과 만나는 부분은 절리가 뚜렷하지만 클링커층이 있는 윗부분에서는 주상절리가 희미하게 없어진다. 두꺼운 클링커층의 보온 효과로 암석이 서서히 식어 주상절리가 형성되지 않았다.

주상절리는 용암이 비교적 빨리 식는 환경에서 잘 생긴다. 대포동 해안의 암석에서 바닷물과 접하는 부분의 주상절리는 뚜렷한데, 이 암석의 상부로 가면서 주상절리가 희미해져 없어지는 현상을 볼 수 있다. 이 암석의 표면에는 아직도 두꺼운 클링커가 덮여 있지만 암석이 형성될 당시에는 더 두껍게 쌓여 있었을 것이다. 두꺼운 클링커층은 보온 역할을 하고, 클링커가 두꺼운 부분에서는 암석이 서서히 식게 되어 주상절리가 발달하지 못한 것이다.

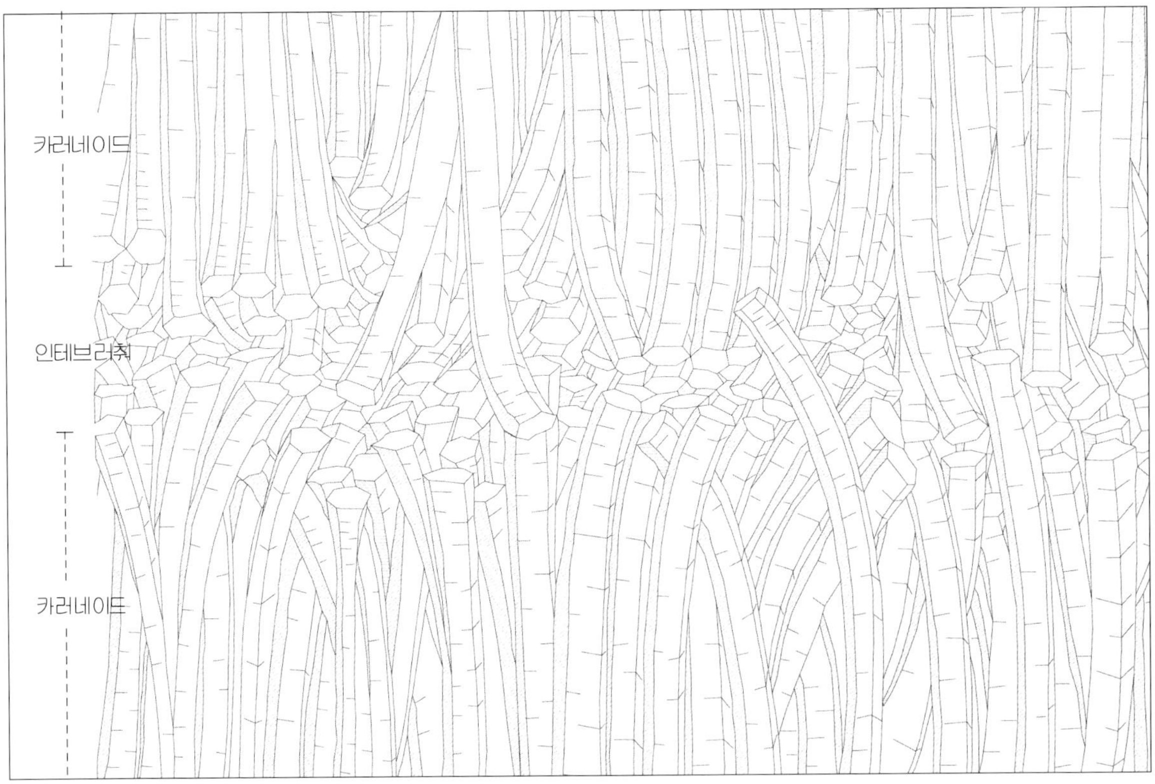

▲ 암석 내에 형성되어 있는 주상절리의 발달 양상

용암이 서서히 굳으면서 표면 혹은 지면과 접하는 부분부터 절리가 생기게 되는데, 용암의 내부는 서서히 식기 때문에 표면과 물성이 달라 절리는 암석의 내부로 가면서 방향이 휘게 된다.

암석에서 수직으로 발달한 절리 구간을 카러네이드(colonnade)라 하고, 중앙부에 휘어져서 겹친 부분을 인테브러춰(entablature)라 한다.

▲ 주상절리가 발달한 서귀포시 예례동 해안 (33° 14′ 19.2″ N/126° 25′ 31.8″ E)

절리면에는 암석이 식으면서 형성된 절리가 단계적으로 전파되어가는 과정이 선구조로 남아 있게 되는데, 이런 선구조는 절리가 형성되어 가는 방향을 지시하는 것으로 치슬마크라 한다.

▼ 주상절리면에 기록되어 있는 치슬마크. 절리는 오른쪽에서 왼쪽으로 형성되었음을 알 수 있다. (안덕계곡에서 33° 15′ 26.7″ N/126° 21′ 11.9 E)

11 곶자왈

길찾기 명칭 | 화순곶자왈생태탐방숲길 | 33° 15' 51" N / 126° 19' 53" E

곶자왈이란?

곶자왈은 '곶'과 '자왈'의 합성어로 된 고유 제주어로서, 곶은 숲을 뜻하며, 자왈은 '나무와 덩굴 따위가 마구 엉클어져서 수풀 같이 어수선하게 된 곳'으로 표준어의 '덤불'에 해당한다. 곶자왈은 돌무더기로 인해 농사를 짓지 못하고, 방목지로 이용하거나, 땔감을 얻거나, 숯을 만들고, 약초 등의 식물을 채취하던 곳으로 이용되어 왔으며, 불모지 혹은 토지이용 측면에서 활용가치가 떨어지고 생산성이 낮은 땅으로 인식되었다.

곶자왈내 용암이 만들어 낸 요철(凹凸) 지형은 지하수 함양은 물론 다양한 북방한계 식물과 남방한계 식물이 공존하는 숲을 이루어, 생태계의 허파 역할을 하고 있다.

제주특별자치도에서는 1997년 이래 곶자왈 지대를 지하수보존등급 2등급 및 생태보전등급 3등급 지역으로 구분하여 관리하고 있는데, 그 면적은 113.3 km^{2}로 제주도 전체 면적의 약 6.1%를 차지한다.

▲ 제주 곶자왈 분포도

▲ 크고 작은 암괴로 이루어진 곶자왈지대의 표층 모습

곶자왈지대는 지형 경사가 급한 남북부 지역을 제외한 동서부 지역에 주로 분포하는데, 크게 다섯 지대로서, 동쪽에서 부터 구좌–성산 지대, 조천 지대, 교래–한남 지대, 애월 지대 그리고 한경–안덕 지대이다.

곶자왈지대에 대한 관심은 지하수 분야 뿐만 아니라 동식물 등 생태 분야로 까지 확대되면서 학술적 가치 및 보전의 필요성에 대해 사회적 공감대가 형성되었다. 이를 바탕으로 곶자왈공유화재단 설립과 공유화 운동, 그리고 곶자왈지대내 사유지 매입 등 다양한 보존 활동이 활발히 전개되고 있다.

지질학적으로 곶자왈지대는 제주도의 화산활동 중 최후기 단계인 약 10만 년에서 3만년 전 화구로 부터 분출된 분석과 용암 그리고 분석구의 사면 붕괴로 인해 만들어진 용암 지형으로, 지표 하로는 평균 3~10 m 두께를 갖는 용암층이 마치 시루떡처럼 겹겹이 쌓여 있고, 용암층 사이 사이에는 두께 1 m 내외의 고토양층이나 화산쇄설물 퇴적층이 분포하는 지하 지질구조를 이루고 있다.

▲ 화순곶자왈 생태숲 내부. 용암판 하부에 최대 30 cm 내외의 조그만 숨골이 형성되어 있다. (33°15' 57.7"N/126°19' 57.6"E)

곶자왈을 구성하는 용암류는 아아 용암류에 국한된 것이 아니라, 제주도 북동부와 서부 해안가에서 흔히 관찰되는 파호이호이 용암류를 포함한다. 곶자왈은 용암류의 성질, 유동 형태 그리고 용암이 냉각되는 동안 형성된 다양한 절리 및 함몰 지형 형태, 그 이후 겪게 된 풍화 침식 그리고 식생의 발달을 통해 오늘날의 모습을 하고 있다.

즉, 곶자왈은 외견상 '지형 지질 측면에서 보면 토양이 거의 없거나 그 토층의 심도가 낮으며, 화산 분화시 화구(오름)로부터 흘러 나와 굳어진 용암의 크고 작은 암괴가 요철 지형을 이루고 있고, 식생 측면에서는 다양한 종류의 양치식물과 함께 나무(자연림)와 가시덩굴이 혼합 식생하고 있는 자연 숲지' 를 지칭한다.

안덕곶자왈

안덕곶자왈은 병악(혹은 대병악, 서귀포시 안덕면 상창리, 표고 492 m) 및 소병악(혹은 족은오름, 표고 473 m) 일대에서 부터 상창리를 지나 화순리 그리고 산방산 근처 해안까지 최대 약 1.5 km의 폭으로 약 9 km에 걸쳐 분포하는데, 지역에 따라 '상창곶자왈'과 '화순곶자왈'로 불린다. 안덕곶자왈을 구성하는 용암은 병악 및 소병악으로 부터 분출한 아아 용암으로 현무암질 조면안산암 조성을 가진다. 안덕 곶자왈 지대는 그 주변에서 비교적 평탄한 저지대를 이루는 파호이호이 용암을 피복하고 있어 지형적으로도 구분된다. 아아 용암 시료에 대한 Ar-Ar 연대 측정 결과, 안덕곶자왈은 최고 7만 7천년 전에서 3만 5천년 전의 용암 분출에 의해 형성된 것으로 해석된다.

화순리곶자왈 탐방숲에서는 아아 용암이 암괴상을 이루는 것과 더불어 용암판으로도 분포하고 있다. 또한 용암판과 판 사이를 채우고 있는 클링커가 제거되고 용암판의 하부 용암 암괴가 절리를 따라 붕괴되어 만들어진 최대 50 cm내외의 조그만 용암동굴(제주어로 "숨골")이 형성되어 있음도 관찰할 수 있다.

▲ 논오름에서 본 안덕곶자왈 (한라산 방향)

▲ 논오름에서 본 안덕곶자왈 (단산-모슬봉 방향)

12 산방산과 용머리

길찾기 명칭 | 용머리 산방산 | 33° 14'9" N / 126° 18'43" E

산방산과 용머리

산방산과 용머리 지역은 망망대해를 표류하던 네덜란드 사람 하멜이 처음 발을 디딘 곳으로 유명하다.

산방산은 평탄한 지형을 이루고 있는 제주도 서남쪽에 400 m 높이로 솟아 있는데, 수성화산활동에 의해 형성된 용머리와 연결되어 아름다운 경관을 연출하고 있다. 제주도에서는 주로 검은색 돌만 보다가 거대한 종 모양의 산방산을 보게 되어 신비함이 더하다. 이런 종 모양의 거대한 화산암체를 용암돔(lava dome)이라고 한다. 용머리는 응회암으로 구성되어 있고, 층의 발달 양상으로 보아 응회환에 해당한다. 산방산은 조면암으로 구성되어 있으며, 형성 초기에 분출로 인하여 만들어진 화산쇄설층이 있다. 이 화산쇄설층은 용머리응회환을 덮고 있다.

▲ 하늘에서 바라본 산방산과 용머리

▲ 산방산 돔이 형성될 때 생긴 화산쇄설물이 용머리 응회암을 피복하고 있다. (33° 14′ 10.8″ N/126° 18′ 45.8″ E)

돔은 용암이 지표로 흘러나와 형성되거나 지하에서 계속 공급된 용암에 의해 만들어진다. 산방산은 화구로부터 분출한 조면암 성분의 용암이 높은 점성으로 인해 거의 흐르지 못하고 그 자리에 층상으로 누적되어 돔상을 이루는데, 조면암은 우리나라에서 제주도와 울릉도에서만 볼 수 있는 대표적인 암석이다. 용암이 분출하여 돔을 만들 때는 화구 주변에서 소규모의 화산폭발이 일어나거나 돔의 붕괴를 포함한 폭발이 일어나는데, 이러한 분출은 가끔 인간이 예측하지 못하는 강력한 화산폭발을 일으켜 막대한 피해를 주기도 한다.

산방산에서 이러한 화산분출에 의해 만들어진 화산쇄설물이 용머리응회암을 덮고 있다. 이를 통해 용머리응회암이 만들어진 후에 산방산을 만든 화산활동이 일어난 것을 알 수 있다.

산방산은 아름답고 웅장한 자태로 많은 사람이 찾는 관광지로 유명하지만 화산활동을 연구하는 지질학자에게는 돔이 형성되는 과정에서 생긴 화산쇄설물까지 볼 수 있다는 점에서 특별한 의미를 갖는다.

산방산과 용머리에서 볼 수 있는 구조와 지층들

산방산에서는 지름이 2 m 정도인 주상절리가 50여 m 높이로 형성되어 있는 것을 볼 수 있다. 용암에 의해 돔이 형성되면 부채꼴 모양으로 절리가 만들어지는데, 산방산에는 수직의 주상절리만 남아 있는 것으로 보아 많은 부분이 침식되었음을 알 수 있다. 돔이 형성되는 기간 중에 화산폭발이 일어나 화산분출물이 산방산 주변에 쌓였는데, 산방산에서 화순으로 가는 고갯길에 용머리응회암을 덮고 있는 화산쇄설층이 바로 그것이다.

용머리는 바닷물이 응회환의 화산재층을 깎아 내어 분화구의 중심 부분이 절벽으로 남아 있다. 이 절벽 단면에 나타난 지질구조와 내부구조를 관찰함으로써 용머리응회환 형성의 다양한 비밀을 알 수 있다.

용머리에서 쉽게 관찰할 수 있는 구조는 수성화산활동에 의해 응회물질이 쌓여 만들어진 층리이다. 해안절벽을 따라 평행층리, 파동형층리, 거대연흔, 탄낭, V-자형 하도구조, 미끄러짐구조, 퇴적동시성 단층 등의 여러 퇴적구조들이 형성되어 있다. 평행층리, 파동형층리, 거대연흔 등은 빠른 속도의 화쇄난류에 의해 만들어지는 대표적인 퇴적구조들이다.

V-자형 하도구조는 수성화산분출 기간 중에 물이 침식을 일으켜 조그만 계곡을 만들고 후에 응회분출물이 채워져 만들어진 구조이다. 미끄러짐구조는 응회물질이 급한 경사로 쌓였거나, 화산 폭발의 충격으로 층이 무너져 내려 생긴다. 퇴적동시성 단층은 화산활동 기간 중에 쌓인 퇴적물이 화산폭발 충격과 함몰로 인해 생기며 화구 가까이에 주로 형성된다. 용머리응회환에서 지층의 경사와 주향이 갑자기 변하는 현상도 관찰할 수 있다.

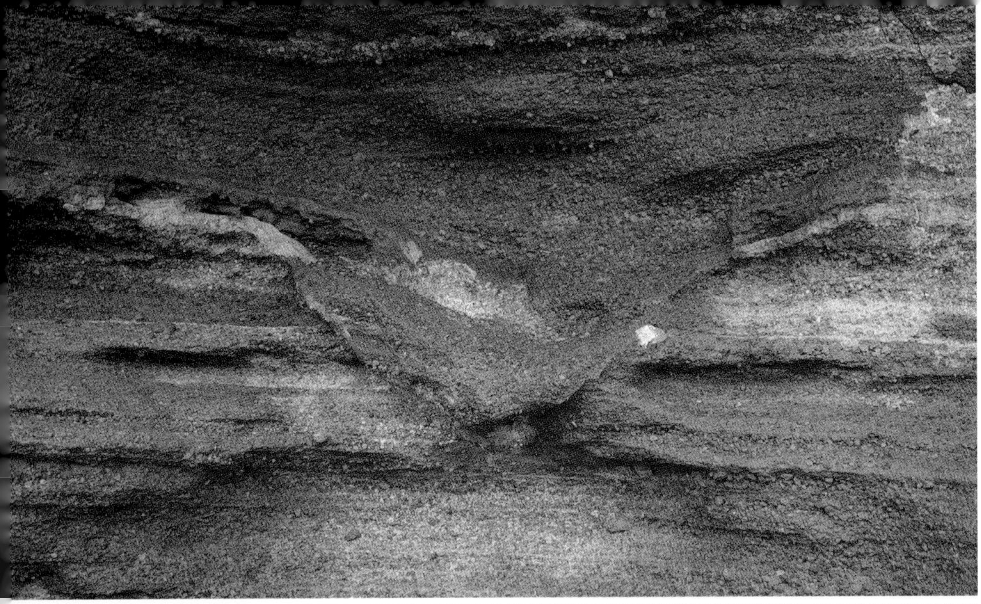

◀ 응회암이 형성되는 도중에 물이 흘러 V자형으로 깎여진 흔적 (33° 13′ 34.4″N/126° 18′ 50.8 E″)

◀ 응회물질이 경사면을 따라 미끄러지는 현상이 일어난 분화구 주변 (33° 13′ 54.4″ N/126° 18′ 50.8″E)

◀ 분화구 주변에 형성되어 있는 여러 방향의 퇴적동시성단층들 (33° 13′ 54.3″N/126° 18′ 55.4″E)

▲ 산방산 돔에 형성되어 있는 주상절리

▲ 산방산과 용머리

산방산과 용머리 응회암의 형성과정

제주도 화산활동은 언제 시작하였고, 제주도가 만들어지기 전의 모습은 어떤 모습일까? 제주도에 있는 화산암을 모두 제거한다면 원래 모습이 드러나지 않을까? 제주도에 분포한 화산암을 모두 제거하면 해수면 하부 100 m 지점부터 200 m의 두께로 분포해 있는 굳지 않은 퇴적층이 나타나게 된다.

제주도는 약 188만년 전부터 만들어지기 시작하였는데, 이 시기에는 퇴적층만 제주도에 분포해 있었다. 이 퇴적층을 뚫고 올라온 마그마는 퇴적층에 들어 있는 물과 접촉하여 수성화산분출부터 시작하였을 것이다. 용머리응회환은 이 시기에 발생한 수성화산분출에 의해 만들어졌다

수십 m에서 100 m가 넘는 화산쇄설물이 쌓여 응회환(응회구)이 만들어지면, 그 밑의 굳지 않은 퇴적층이 불안정해져 붕괴하게 되고, 붕괴된 물질들이 종종 화구를 막게 된다. 굳은 암석에 화도가 형성되어 있으면 같은 장소에서 화구 분출이 계속 일어나지만, 두껍고 굳지 않은 퇴적층에서는 화도가 다른 곳으로 쉽게 이동하여 분출이 일어나게 된다. 용머리응회환에서 갑자기 지층의 자세가 변하는 현상을 볼 수 있는데, 이러한 지층의 변화는 화도가 이동하여 다른 방향에서 응회물질이 공급되어 쌓였기 때문이다. 용머리응회암에서 지층의 변화를 추적해 보면 화도 이동이 세번 있었던 것으로 나타난다. 용머리응회환은 고결되지 않은 퇴적층과 같이 연약한 지반 위에서 수성화산활동이 일으날 때 화산분출 도중 화도가 이동하며 분출이 일어 날 수 있음을 알려주는 중요한 화산체이다.

산방산은 용머리응회환이 형성된 후 약 80만년전(Ar-Ar 연대 802±5ka)에 형성되었으며, 형성과정에서 화산분출물이 돔 주변에 쌓였다. 돔에는 부채꼴 모양으로 방사상의 주상절리가 형성되는데, 돔의 가장자리는 침식으로 깎여 나가고 현재는 수직의 주상절리가 형성되어 있는 돔의 중앙 부분만 남았다.

▼ 용머리응회환과 주변 지질

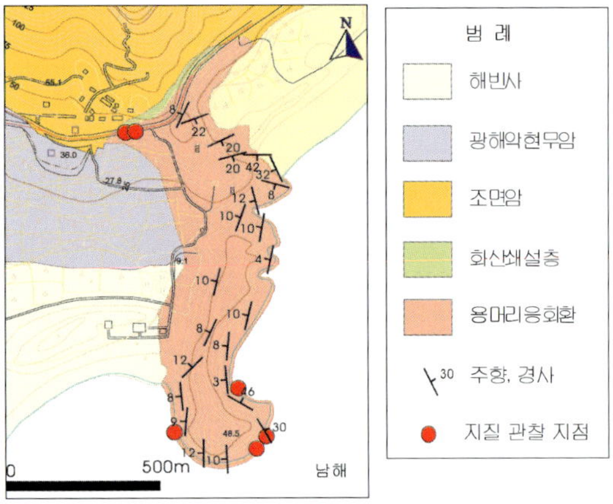

▼ 용머리응회환에서 지층의 변화로 해석한 화도 이동 경로 (손영관 자료 인용)

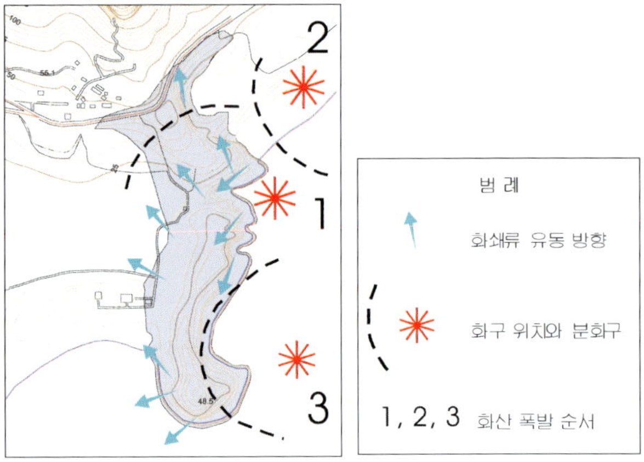

▲ 화도 이동 분출에 의해 지층이 갑자기 변한 현상 (33°14′ 06.1″N/126°18′ 53.5″E)

산방산 형성 과정

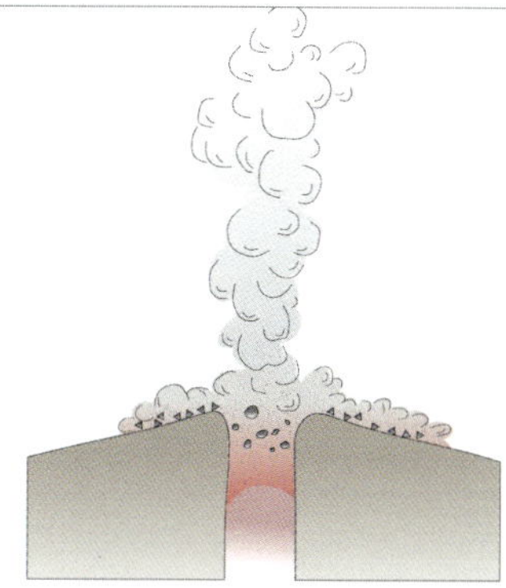

◀ 마그마는 느린 속도로 상승하며, 마그마 내의 가스와 주변의 지하수가 가열되어 화산폭발을 일으킨다.

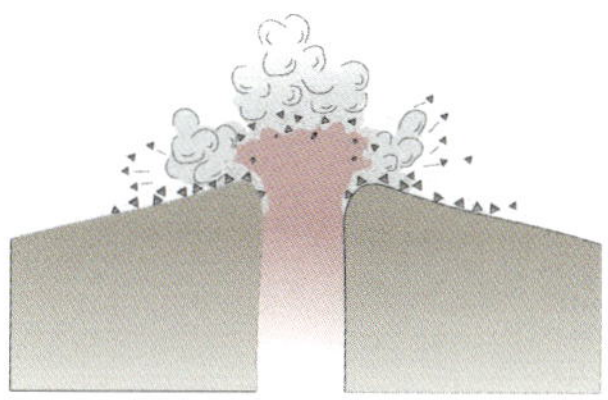

◀ 돔을 형성하는 초기에는 마그마에 남아 있던 가스가 폭발하여 화산쇄설물을 분출한다. 마그마에 남아있던 가스의 양이 적어 화산 폭발은 약하고 화산쇄설물은 돔의 주변에 쌓이게 된다.

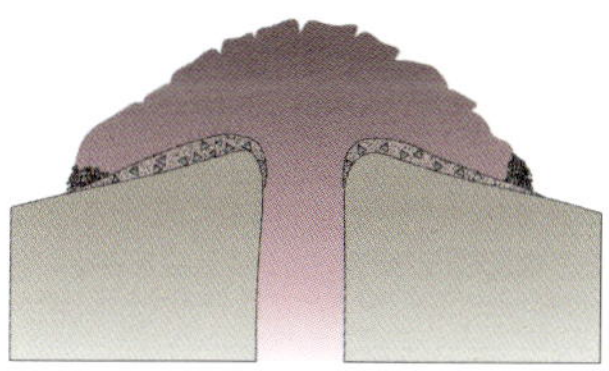

◀ 마그마 내에 있던 가스가 소진되고 용암류가 화구 주변에 계속 흘러나와 돔을 형성한다. 용암이 흘러 각진 모양의 돌 부스러기를 만들기도 한다.

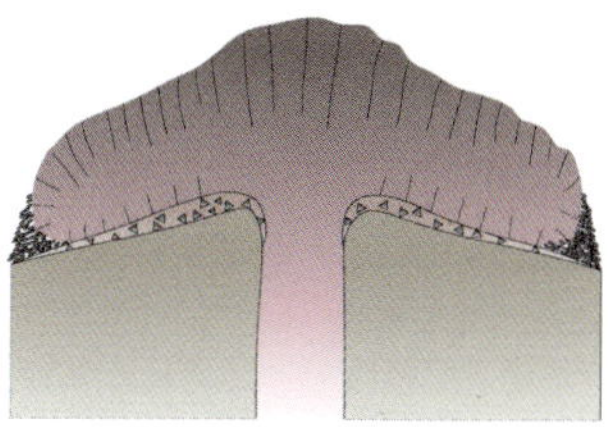

◀ 용암 분출이 중지되고 돔이 식으면서 방사상의 절리가 형성된다.

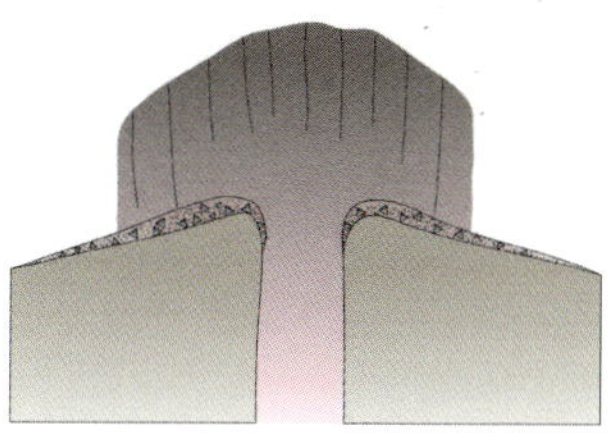

◀ 산방산을 만든 돔의 많은 부분이 침식되어 수직의 주상절리가 형성되었던 부분만 남아 있다.

▲ 사계리 해안에 분포하는 하모리층 멀리 산방산이 보인다.

13 사람발자국 화석

길찾기 명칭 | 해안체육공원(사계리) | 33° 13' 2" N / 126° 17' 35" E

하모리층은 제주도에서 가장 젊은 지층으로서 송악산을 중심으로 동쪽과 서쪽 해안에 분포하는데, 송악산응회환의 원거리 퇴적상에 해당하는 얇은 응회암층과 광해악현무암을 부정합으로 덮는다. 하모리층은 응회암층이 침식되어 공급된 퇴적물들이 쌓여 만들어진 지층으로서 역암, 역질사암, 현무암질의 응회질 사암 및 실트암 등으로 이루어지고, 그 두께는 3 m 내외 이다. 퇴적층 내의 역들은 대부분 현무암질 암석이고, 석영 입자와 조개편들도 함께 들어 있다. 하모리층은 송악산응회암의 침식면 위에 쌓여 있는 퇴적구조와 구성물질로 보아 송악산응회암이 분출한 이후에 퇴적된 지층이다.

다양한 형태의 사층리와 경사층리를 보여주는 사암은 바닷가 환경에서 파도에 의해 퇴적된 것이다. 송악산 서쪽과 사람 발자국이 산출되는 동쪽 지역에는 평행층리와 저각도의 사층리를 이루는 니질층이 분포한다. 이 니질층에는 흔히 진폭이 낮고 파장이 짧은 연흔과 건열이 나타나는데, 이것은 수심이 얕은 호수에 퇴적층이 형성되었으며, 한 때 수면위로 노출되어 메마른 적이 있었음을 암시한다.

발자국이 형성된 시기를 밝히기 위하여 광여기루미네선스(optically stimulated luminescence, OSL) 연대측정법을 이용했다. 이 연대측정법은 퇴적물 내의 석영입자를 이용하는 것으로서, 석영 입자가 햇빛에 10초 정도만 노출되어도 원래 가지고 있던 신호의 약 99%를 잃어버리고, 퇴적작용에 의해 햇빛이 차단되면 시간이 지남에 따라 다시 석영 입자에 신호가 축적되는데, 이 양을 측정하여 퇴적층의 연대를 구하는 방법이다.

이 연대측정법에 의한 퇴적층의 연대는 사람 발자국이 찍혀 있는 실트층은 7,600±300년이고 이 층을 덮고 있는 실트층은 6,800±300년으로 밝혀졌다. 따라서 발자국은 7,600년에서 6,800년 전 사이의 시기에 실트층이 쌓인 바닷가를 거닐던 사람의 흔적인 것이다.

▼ 하모리층에 찍혀 있는 7000년 전의 새 발자국

▼ 하모리층에 찍혀 있는 네발 짐승 발자국

14 송악산

길찾기 명칭 | 송악산 | 33° 11' 51" N / 126° 17' 25" E

송악산

제주도 서남쪽에 위치한 송악산은 우리나라 최남단 섬인 마라도를 볼 수 있고, 높게만 보이던 한라산도 여기서는 한 눈에 볼 수 있어 제주도 전체 경관을 느낄 수 있는 곳이다. 송악산기저를 이루고 있는 암석은 수성응회암이며, 낮은 산 높이와 완만한 층리로 보아 응회환은 마그마가 지하수나 지표수(바다, 호수, 하천 등)를 만나 급격히 냉각됨과 동시에 수증기의 폭발적 팽창으로 잘게 부수어진 화산재가 화도 주위에 쌓여 만들어진다. 송악산은 하부로부터 응회암-분석층-조면현무암-분석구의 순서로 구성되어 있다. 이러한 암석 분포는 수성화산활동에서 마그마성 화산활동으로 분출 양상이 변한 것을 보여주는 것으로, 이런 변화는 응회환이나 응회구와 같이 짧은 시간에 형성되는 화산체에서 흔히 관찰되는 현상인데, 분출 양상의 단면을 볼 수 있다는 점에서 송악산은 좋은 예의 하나이다.

비키니섬에서 탈(Taal)화산까지

인간이 해석할 수 없는 기록들이 화산암에 남아 있어서 화산활동과 관련된 지질 현상을 이해하는데 상당 기간 동안 어려움이 있었다. 화산활동을 과학적으로 관찰한 기록도 적을 뿐 아니라, 화산활동을 관찰한다는 것 자체가 위험한 일이기 때문이다.

송악산과 같은 화산의 형성 과정에 대한 이해는 1946년 비키니섬에서 실시한 원자폭탄 실험을 통해 시작되었다. 이 실험에서 버섯구름 모양의 폭발과 함께 지표면을 따라 사방으로 불어나가는 강풍이 일어났는데, 이런 현상이 화산활동에서도 발생할 것으로 예상하였다. 1965년 필리핀 탈(Taal)화산에서 버섯구름이 20 km 높이까지 올라감과 동시에 축축한 흙먼지 강풍이 지표면을 따라 퍼져나가는 화쇄난류(pyroclastic surge)가 목격되었고, 이 관찰은 화산분출물의 운반 퇴적 과정을 해석하는데 중요한 계기가 되었다.

또한 1980년 미국 세인트헬렌스산(Mount St.Helens)의 화산이 폭발하기 전에 화쇄난류 강풍이 미칠 수 있는 지역을 예측하여 인명을 구하였다. 화쇄난류가 지나간 자리에는 거대한 침엽수가 성냥개비 처럼 넘어져 있어 화쇄난류가 얼마나 강력한 것인지 알게 되었다. 그 후 화쇄난류는 여러 형태의 화산활동에서 흔히 발생하는 자연 현상으로 이해하게 되었다.

▼ 응회환 – 용암 – 분석구로 이루어진 송악산

송악산의 다양한 퇴적구조

송악산은 형성된 후 수 천년 동안 바닷물의 작용으로 응회환의 화산재층이 깎여 나가 분화구의 중심부 근처부터 가장자리까지 높은 절벽을 이루며 화산체의 절단면이 만들어져 있다. 이 단면에 나타난 다양한 지질구조들과 내부구조를 관찰함으로써 탈(Taal)형 송악산응회환의 비밀을 알아낼 수 있다.

송악산에서 가장 쉽게 관찰할 수 있는 구조는 층리, 거대연흔, 탄낭, U-자형 하도구조 등이다. 화도 가까이에는 퇴적동시성 단층도 발달되었다. 절벽을 이루고 있는 해안에서 커다란 암석이 지층을 주머니모양으로 뚫고 들어간 현상을 볼 수 있는데, 이를 탄낭구조라 한다. 탄낭구조는 화산폭발 당시에 하늘 높이 솟아 올라갔던 암편이 지층 위에 떨어져 만들어진다.

층리를 이루고 있는 지층에서 화산재가 뭉쳐져 형성된 콩알 크기의 부가화산력(accretionary lapilli)을 관찰할 수 있다. 부가화산력은 다량의 물이 마그마와 섞이며 수성화산활동이 일어날 경우, 많은 습기를 머금게 되어 끈끈해진 화산재가 콩알처럼 뭉쳐져 만들어진다. 또한 응회암 하부에 있는 수직의 돌덩어리 표면에 달라붙은 층리를 볼 수 있다. 이런 현상은 송악산의 수성화산활동이 물이 풍부한 상태에서 일어났음을 알 수 있다. 송악산 가운데에는 지름이 약 100 m인 분화구를 가진 분석구가 있다. 화구벽에는 크기가 다양하고 적갈색 또는 암갈색을 띠며 길게 신장된 모양의 스페터(spattre)가 관찰된다.

▲ 응회환을 채웠던 조면현무암과 재동퇴적층

▲ 송악산 서남쪽 해안에 노출된 응회환 퇴적층 – 조면현무암 – 스코리아(분석)의 구조를 보여주는 노두

▲ 지층이 형성되는 중간에 무거운 암편이 떨어져 만들어진 탄낭구조. 무거운 암편은 주로 화구 가까이 떨어져서 화구 주변에 탄낭구조가 많이 형성된다. (33° 12' 16.5"/126° 17' 24.3")

▼ 산이수동 선착장 부근에서 볼 수 있는 부가화산력. 콩알 크기의 부가화산력이 층을 이루고 있다.

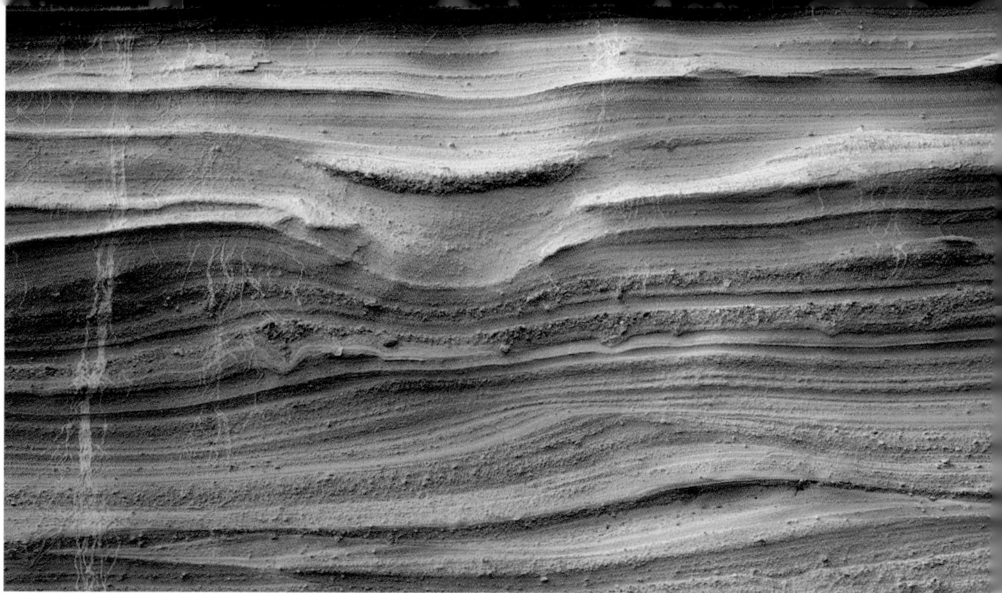

▶ 거대연흔과 탄낭 (33° 12′ 03.6″ N/126° 17′ 05.1″ E)

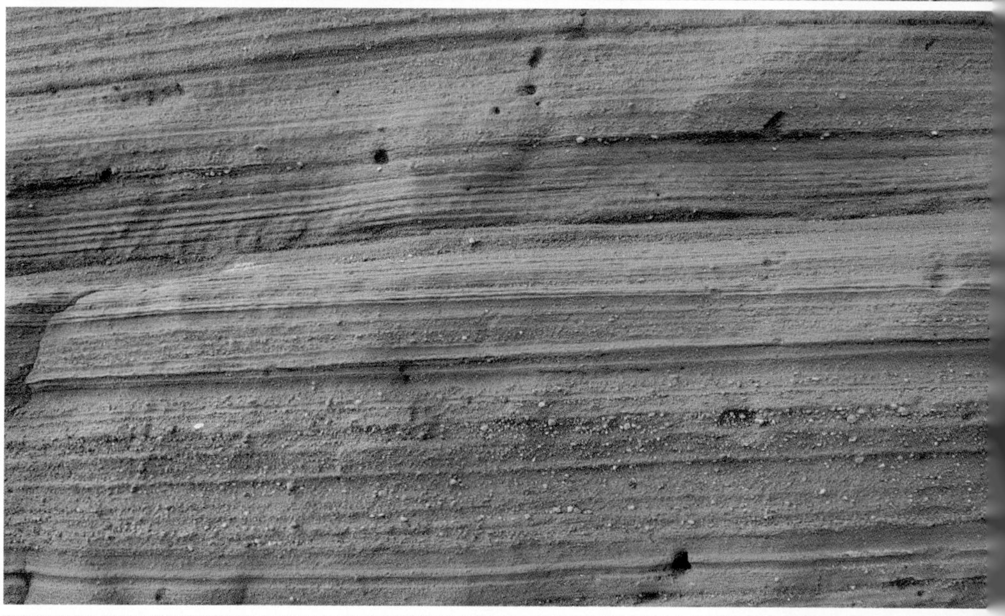

▶ 평행층리 (33° 12′ 00.5″ N/126° 16′ 44.9″ E)

▶ 부가화산력 (33° 12′ 00.5″ N/126° 16′ 44.9″ E)

◀ 파동형층리
(33° 12′ 03.2″ N/126° 16′ 59.2″ E)

◀ 스코리아
(33° 11′ 57.6″ N/126° 17′ 34.3″ E)

◀ 집괴암
(33° 11′ 55.6″ N/126° 17′ 26.3″ E)

송악산의 분출과 형성과정

송악산응회환은 수성화산분출에 의해 형성되었다. 송악산응회환 최하부에는 천해 조개화석을 포함한 퇴적층이 분포하는데, 이는 응회환 형성 당시 송악산 주변 지역이 얕은 바다였음을 지시한다. 응회환이 어느 정도 성장하면 수성화산분출에 필요한 물은 지하를 통해 화구로 공급될 수 밖에 없는데, 송악산응회환 내부에 기반암에서 유래한 물질이 많이 포함되어 있는 것으로 보아 지하수가 수성화산분출 작용에 관여한 것으로 보인다.

수성화산분출 물질은 빠른 속도의 화쇄난류에 의해 운반되어 화도(vent) 주위에 응회층이 누적되었다. 송악산응회환 내부에서 잘 관찰되는 평행층리, 파동형층리, 거대연흔 등은 화쇄난류에 의해 만들어지는 대표적인 퇴적구조들이다.

응회환의 성장 도중 화구로 유입되던 물의 공급이 줄어들거나 차단되면 수성화산분출에서 마그마성분출로 화산분출 양상이 변화하게 되는데, 송악산에서는 응회암-용암 분출-스코리아 분출로 변화하는 양상이 나타난다.송악산 응회암 상부에 분포하는 조면현무암의 Ar-Ar 연대측정결과 50±15Ka를 나타내어 송악산을 형성시킨 화산활동은 약 5만년 전인 것으로 보인다.

송악산의 분출이 끝난 후 침식작용이 일어났으며, 이러한 침식작용에 의해 바닷가까지 운반된 물질들은 파도와 해류에 의해 다시 이동되어 송악산 일대의 해안에 넓게 분포한 하모리층을 만들었다. 하모리층의 기원물질은 송악산응회환을 이루던 화산재와 화산력들로서 해류의 작용에 의해 입자가 둥글게 마모되어 있고 여러 종류의 조개화석이 포함되어 있다.

송악산 응회암의 원거리퇴적상에 해당하는 부분과 접하는 곳에서의 하모리층은 두꺼운 엽층과 분급이 양호한 점이층, 사층리, 연흔, 건열, 침식면 같은 퇴적구조를 갖고 있어 송악산응회암과 구분된다. 하모리층에 포함된 조개화석을 분석한 결과, 이 층은 약 7,000년 전부터 쌓인 것으로 해석되며, 하모리층은 송악산 형성 후의 해양환경을 알려주는 중요한 지층이다. 조개 파편과 응회질 및 잔자갈 크기의 현무암편으로 구성된 모래층이 하모리층을 덮고 있다. 모래층은 해안에 따라 언덕을 이루고 있다.

송악산 형성과정

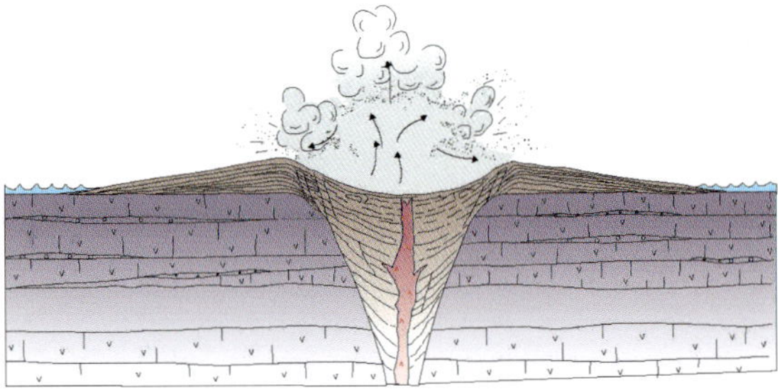

◀ 상승하던 마그마가 해수 또는 지하수와 만나게 되면 수증기와 작은 알갱이로 구성된 화산회를 분출하는 수성화산분출을 일으키게 된다. 화쇄난류에 의해 응회물질은 낮은 구릉 형태의 응회환을 만든다.

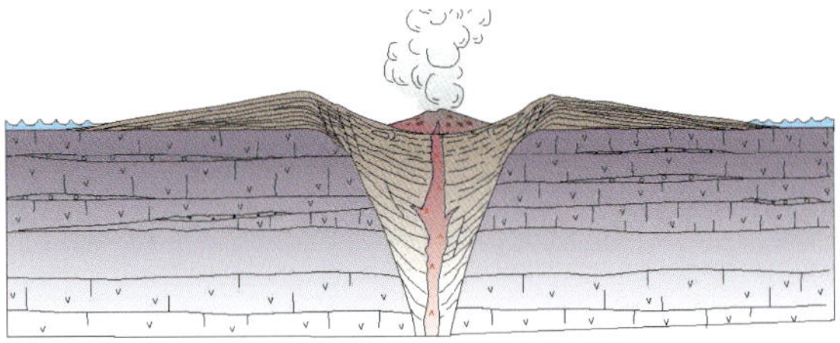

◀ 응회환이 만들어져 해수 또는 지하수가 마그마로 유입되는 것을 막게 되면 수성화산분출에서 마그마성 분출로 바뀌어 분석구을 형성하게 된다.

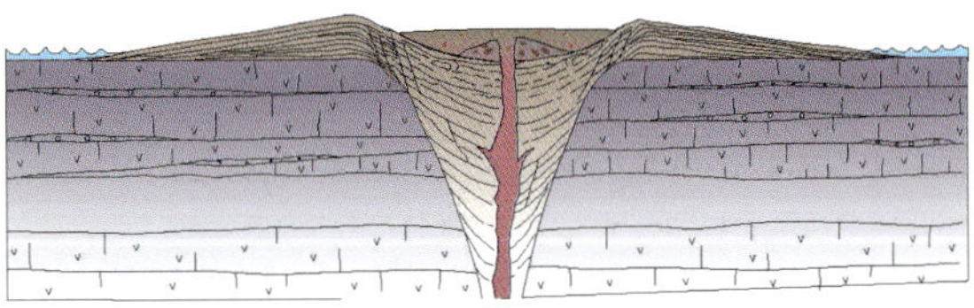

◀ 마그마성 분출에 의해 분석구가 만들어지고 용암이 흘러 응회환의 분화구에 용암호를 만들기도 한다.

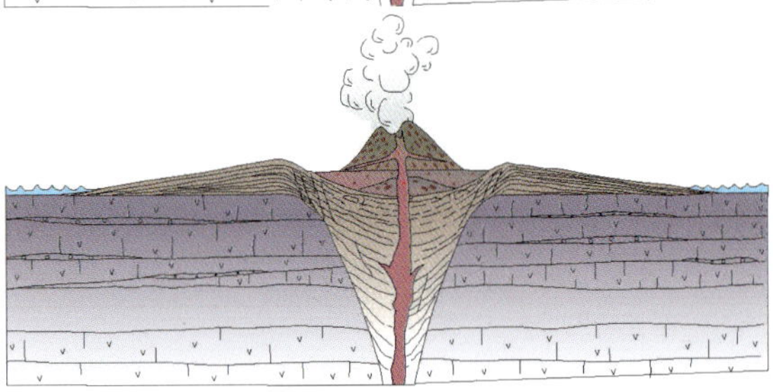

◀ 용암 분출 중에 가스가 농집되어 폭발을 하게되면 다시 분석구를 만들게 된다.

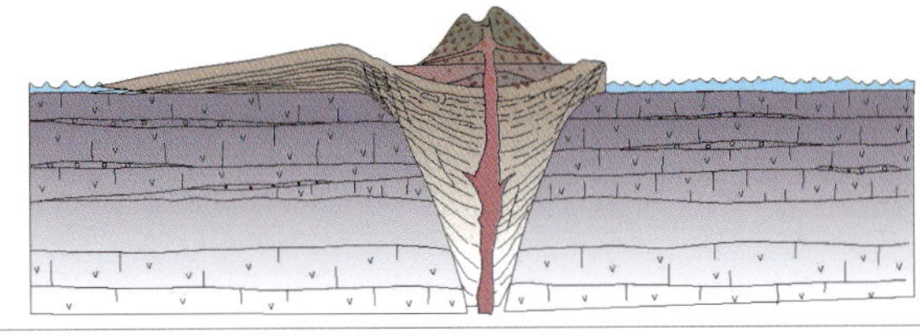

◀ 송악산 응회환이 만들어지고 바닷물에 의해 깎여 나가 절벽을 이루고 있는 현재의 모습이다.

▲ 엽층의 두께와 퇴적구조를 달리하는 송악산 응회암과 하모리층. 바닷물이 송악산응회암을 U자형, 불규칙한 모양으로 깍아내고 하모리층을 쌓았다. (좌측 33° 11′ 57.3″/126° 16′ 31.9″) (우측 33° 11′ 58.1″ N/126° 16′ 32.5″ E)

▼ 하모리층에 형성되어 있는 연흔. 연흔은 얕은 바닷물에 의해 퇴적물이 쌓여 물결 모양으로 만들어진다. 연흔에는 사층리가 형성되어 있다. (33° 11′ 53.8″ N/126° 16′ 28.4″ E)

▲ 위와 옆에서 본 하모리층의 연흔 (33° 11′ 53.2″ N/126° 16′ 28.0″ E)

▲ 위와 옆에서 본 건열. 하모리층에 형성되어 있는 건열로 퇴적 도중에 퇴적물이 말라 갈라져서 만들어졌다. (33° 11′ 57.0″ N/126° 16′ 32.0″ E)

▲ 하모리층 위에 쌓인 모래. 모래층 퇴적구조, 입자 크기와 굳은 정도 차이로 하모리층과 쉽게 구분된다. (33° 11′ 51.4″N/126° 16′ 27.6″E)

▼ 멀리서 본 모래층. 하모리층을 덮고 있는 모래층은 낮은 언덕 모양이고, 층리가 발달한 것을 볼 수 있다. (33° 11′ 51.1″N/126° 16′ 26.9″E)

15 가파도와 마라도

길찾기 명칭 | 마라도 | 33° 7' 4.00 "N / 126° 16'3.97" E
| 가파도 | 33° 9' 49.32" N / 126 °16' 16.78" E

우리나라 최남단에 위치한 가파도와 마라도는 제주도 서귀포시 대정읍에 속하며, 하모리 해안에서 남쪽으로 약 2.2 km 떨어진 곳에 가파도가 있고, 8 km 떨어진 곳에 마라도가 위치하며, 모슬포항에서 뱃길로 각각 20분과 30분 거리에 있다.

가파도는 선돌과 고인돌 군락이 있어 선사시대의 거석문화가 있었음을 알 수 있으며, 조선 중기까지 무인도였으나, 18세기말 소를 방목하면서 주민들이 섬에 정착하기 시작했다. 천연기념물 제423호인 마라도는 원래 산림이 울창했으나 19세기말 화전 농사를 하던 주민에 의한 화재로 인해 모두 소실되었다고 전해진다.

가파도

가파도는 동서 길이 1.5 km, 남북의 길이 1.3 km이고, 지형이 가장 높은 곳의 고도가 20.5 m이며 그 외관은 가오리 형태의 섬이다. 섬의 주변 해안을 따라서 기반암인 현무암질 조면안산암과 그 위를 풍화잔적토(residual soil)와 해빈역암층이 피복하고 있는 매우 평평한 지형의 특성을 갖는다.

기반암은 섬의 남쪽 선착장 주변에서 썰물시에 그 특징을 잘 관찰할 수 있다. 현무암질 조면안산암은 미세한 기공이 산재하고 육안으로 결정의 관찰이 어려운 비현정질의 특징을 지니며, 판상의 절리가 발달되어 있다. 또한 동일한 성분의 암질에서 담황색 내지 담회색 부분이 진회색 치밀질 부분에 비해 차별적으로 풍화 침식이 많이 진행되어 마치 서로 다른 두 물질이 혼합되어 있거나 포획되어 있는 것과 같은 착각을 일으킨다. 용암 시료에 대해 Ar-Ar 연대 측정 결과, 가파도는 산방산과 유사한 약 80 만년 전 화산분출로 형성된 것으로 해석된다.

▲ 판상의 절리가 발달되어 있고 산재한 기공을 따라 침식되어 있다. (33° 09′ 46.0″N/126° 16′ 17.0″E)

▼ 동일한 성분의 암질에서 조직의 차이에 의한 양파형 차별적인 침식 (33° 09′ 46.8″N/126° 16′ 16.6″E)

▲ 가파도의 서남부 해안을 따라 약 700 m 구간에서 약 5 m 높이를 지닌 해안단구 지형 (33° 10' 7.0" N/126° 15' 54.5" E)

▼ 현무암질 조면안산암 조성을 지닌 용암의 양파형 침식 잔존물인 왕자갈로 쌓아올린 담 (33° 10' 25.5" N/126° 16' 27.2" E)

마라도

마라도는 남북 길이 약 1.3 km, 동서 길이 약 0.5 km이며, 지형이 가장 높은 곳의 고도가 39 m인 남북으로 길쭉한 '고구마모형'의 타원형 섬이다. 북쪽에서 본 마라도는 등대가 있는 동쪽 부분이 높고 전체적으로 완만한 경사를 이루고 있는데, 동쪽의 해안선은 기암절벽을 이루고 있으며, 서쪽 해안선을 따라 해식동굴이 잘 발달되어 있다. 섬 주변의 해저 지형을 고려할 때 침식되기 전의 마라도는 지금보다 훨씬 컸을 것 으로 보인다.

▲ 하늘에서 본 국토 최남단 마라도

▲ 동쪽 해안의 해식절벽 (33° 06' 51.2" N/126° 16' 9.5" E)

▼ 서쪽 해안에 발달한 해식동굴 (33° 7' 15.2" N/126° 15' 59.0" E)

마라도는 두께가 얇은 톨레이아이트질 안산암 조성의 용암이 복합용암류(compound lava)로 흘러 겹겹이 쌓여 형성되었다. 이러한 겹겹이 쌓인 흐름은 파호이호이 용암의 특징 가운데 하나이다. 파호이호이 용암은 굳은 표면을 내부로 부터 부풀리면서 흐르게 되는데, 그 결과 용암이 만든 암석은 겉모습이 고래등 모양이다.

섬의 북부와 남부 선착장 부근에서 용암류의 단면을 쉽게 볼 수 있는데, 이곳에서 한 용암류의 윗 부분이 고래등처럼 부풀어 있거나, 곳에 따라서는 용암류 내부가 비어 있는 용암관을 관찰 할 수 있다.

▼ 얇은 파호이호이 용암이 여러 겹으로 쌓인 복합용암류의 단면으로, 고래등 모양으로 구부러져 있고, 때로는 용암류의 속이 비어 있는 용암관을 만들기도 한다. (33° 6' 49.0" N/126° 16' 7.2" E)

16 수월봉

길찾기 명칭 | 수월봉 | 33° 17' 54" N / 126° 10' 4" E

수월봉

제주도 서쪽 고산포구에는 수월봉과 당산봉이 있다. 낮은 구릉 형태의 수월봉은 응회환에 해당되고, 경사가 급한 높은 산을 이루고 있는 당산봉은 응회구에 해당 된다. 응회환과 응회구가 가까이 분포하고 있어 서로를 비교할 수 있다. 수월봉응회환은 화구 가까이에서 먼 거리까지 바닷물에 의해 침식되어 노출된 단면으로부터 화산활동에 의해 만들어진 여러 현상을 관찰할 수 있는 귀중한 학습 현장이다. 절벽을 이루고 있는 암석에는 층리가 잘 형성되어 있고, 곳곳에 크고 작은 암석들이 떨어져 만든 탄낭(bedding sag)이 있다. 탄낭을 만든 암석의 크기와 숫자를 보면 얼마나 화산활동이 격렬하였는지 짐작할 수 있다.

수월봉의 다양한 퇴적구조

수월봉이 형성된 후 파도가 응회환의 화산재층을 깎아 화산체의 절단면을 만들어 놓아 탈(Taal)형 화산의 다양한 구조들을 관찰하는 것이 가능하다.

수월봉에서 가장 쉽게 관찰할 수 있는 구조는 황갈색의 화산재가 겹겹이 쌓여 만들어진 층리이다. 이 층리는 수성화산활동에 의해 형성된 화쇄난류가 만들어서 경사가 완만하다. 화구 가까이에는 크고 작은 돌 부스러기들이 쌓여 층의 두께가 두껍고, 화구에서 멀어 질수록 화산재 알갱이는 작아지고 지층의 두께도 얇아진다.

화구에서 거리에 따라 다르게 나타나는 현상

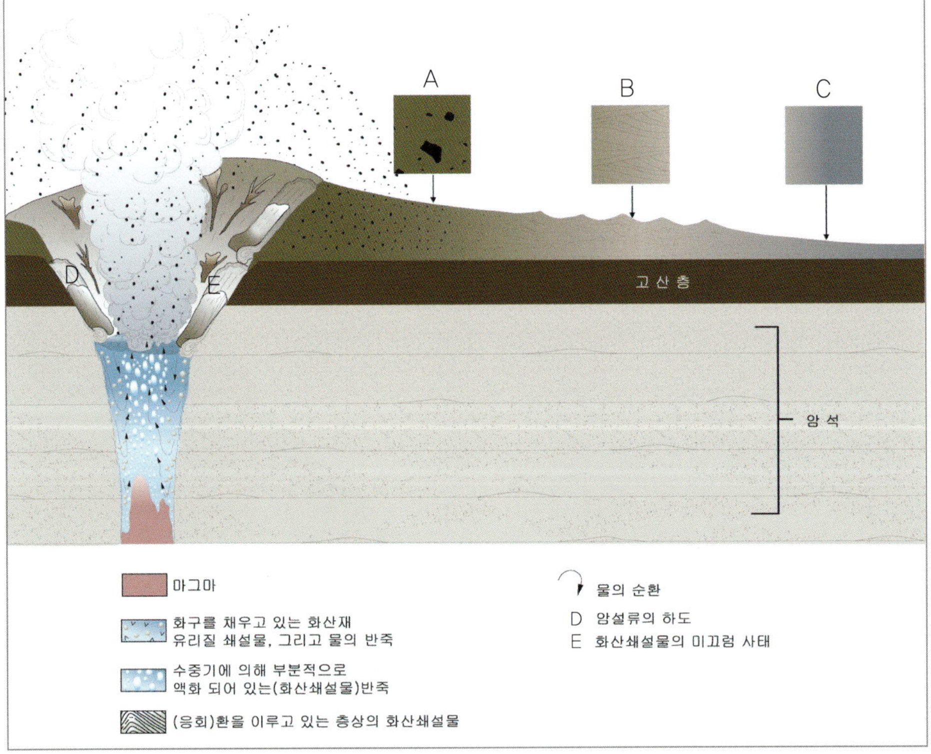

▲ 수성화산분출에 의해 터져 나온 돌부스러기들은 화구에서 거리에 따라 알갱이 크기, 퇴적구조, 층의 두께가 다르게 나타난다.

A. 화구 가까이에는 입자가 크고, 날아온 암편에 의해 탄낭이 형성되었다.

B. 화구에서 조금 떨어진 곳에는 빠른 속도의 화쇄난류에 의해 큰 규모의 연흔과 완만한 경사를 갖는 사층리가 형성되며, 수월봉에서는 건조한 화쇄난류에 의해 사층리의 윗면이 침식 되었다.

C. 화구에서 먼 곳에는 작은 입자로 구성된 얇은 두께의 평행층리가 형성되었다.

▲ 수월봉 응회암층과 하위의 용암 경계면. 황색을 띠고 있는 지층이 고산층이다.
(33° 17′ 32.65″ N/126° 9′ 39.64″ E)

수월봉에는 넓은 지역에 형성되어 있는 탄낭구조가 장관이다. 탄낭구조는 화산폭발에 의해 하늘로 올라갔던 큰 암편들이 화산재 층위에 떨어져 형성된다. 큰 암편은 화구 가까이에 떨어지고, 작은 암편은 멀리까지 날아가 떨어진다. 수월봉에 있는 탄낭은 여러 개의 지층을 뚫고 있는데, 다른 지역의 응회환(응회구)에서는 좀처럼 볼 수 없는 현상이다. 이러한 탄낭구조는 수월봉을 형성하고 있던 지층이 물렁물렁한 상태로 쌓였음을 지시한다. 수월봉의 제일 높은 수월봉육각정 해안에 탄낭구조가 많이 형성되어 있는데, 이 지역이 화구에서 가까웠던 것으로 보인다.

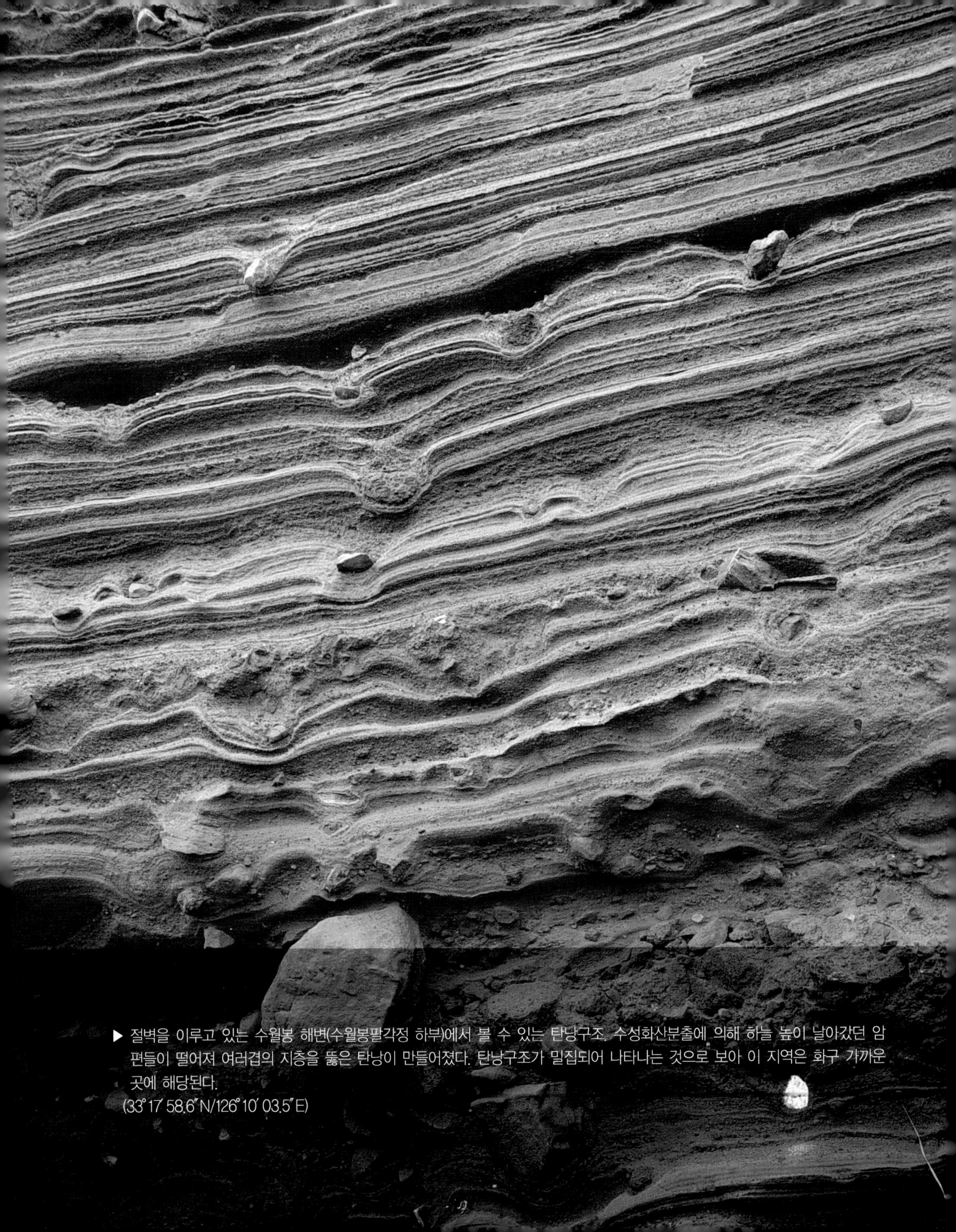

▶ 절벽을 이루고 있는 수월봉 해변(수월봉팔각정 하부)에서 볼 수 있는 탄낭구조. 수성화산분출에 의해 하늘 높이 날아갔던 암편들이 떨어져 여러겹의 지층을 뚫은 탄낭이 만들어졌다. 탄낭구조가 밀집되어 나타나는 것으로 보아 이 지역은 화구 가까운 곳에 해당된다.
(33°17′58.6″N/126°10′03.5″E)

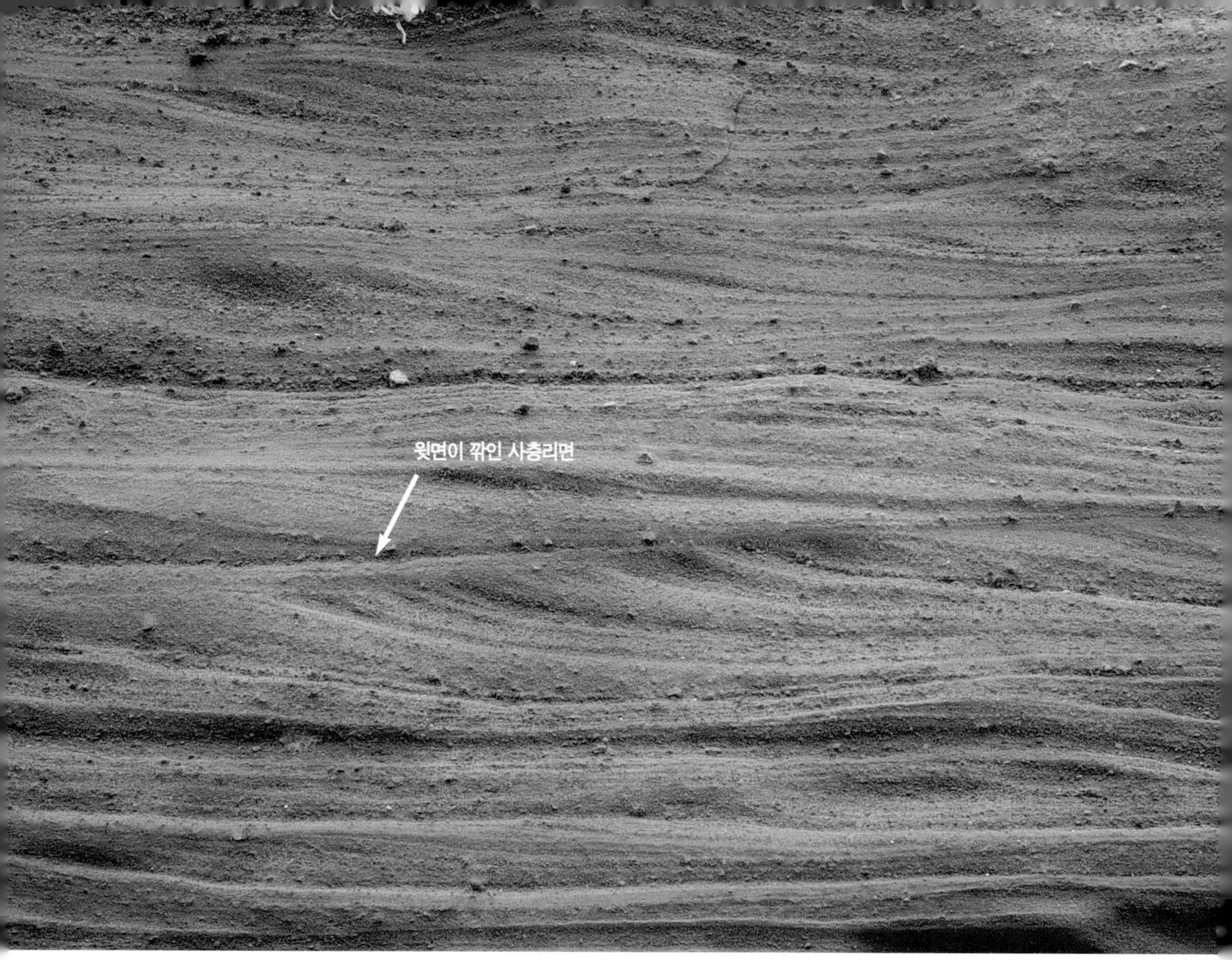

▲ 수월봉응회암에 형성되어 있는 사층리. 건조한 화쇄난류에 의해, 쌓이고 깎이는 현상이 반복되어 사층리를 만들었다.(33° 17′ 19.6″N/126° 09′ 44.1″E)

수월봉육각정에서 500 m 남쪽 해안에는 사층리가 잘 형성되어 있는 지층이 있다. 사층리는 화쇄난류에 의해 흔히 만들어지는데, 사층리로 구성된 지층의 윗면이 깎여 나가고, 그 위에 다시 윗면이 깎여 나간 사층리들이 겹겹이 쌓여 있는 형태이다. 사층리를 만든 지층이 빠른 속도로 밀려온 화쇄난류에 의해 쉽게 깎일 수 있을 정도로 굳지 않았던 것이다. 이와 같은 구조는 건조한 화쇄난류에 의해 형성된다.

해안을 따라 100 m 남쪽으로 내려오면 알갱이도 작고 층의 두께도 얇은 평행층리가 발달해 있는 지층을 볼 수 있다. 이 지층은 분화구로부터 멀리 떨어진 곳에 쌓인 것이다. 화쇄난류에 포함되어 있던 큰 알갱이들은 이미 퇴적되고, 화쇄난류에 마지막까지 실려 온 작은 알갱이들이 퇴적된 것이다.

수월봉은 현무암질 마그마가 얕은 바다 밑에 분포한 광해악현무암에 관입하여 물과 만나 분출이 시작하였다. 수월봉 지역의 암석에는 물의 유동을 막아주는 진흙으로 구성된 고산층이 분포하고 있다. 이러한 환경에서는 물의 공급이 원활하지 못하기 때문에 비교적 건조한 화쇄난류를 형성하게 되었던 것이다.

▼ 작은 알갱이로 구성된 평행층리. 분화구에서 먼 거리까지 운반되어 퇴적된 화산재에 의해 얇은 층리를 만들었다. (33° 17′ 30.77″ N/126° 9′ 41.70″ E)

수월봉응회암 하부에는 고산층이 있다. 고산층은 1~2 m 두께의 점토질 퇴적층으로 구성되어 있으며, 당산봉 근처에서는 당산봉응회암이 침식되어 떨어진 커다란 암편이 들어 있다.

▼ 수월봉의 층서. 하부에서부터 파호이호이 용암인 광해악현무암-점토질의 고산층-수월봉응회암 순이다. (33° 17′ 22.04″ N/126° 9′ 44.87″ E)

◀ 고산층
(33° 17′ 29.3″ N/126° 09′ 40.0″ E)

◀ 현무암(밧줄구조가 형성됨) 위에 쌓인 고산층
(33° 16′ 10.1″ N/ 126° 10′ 36.8″ E)

◀ 둥근 자갈이 비늘 모양으로 배열하고 있다. 비늘구조(고산층)
(33° 16′ 10.2″ N/126° 10′ 36.9″ E)

17 비양도

길찾기 명칭 | 비양도 | 33° 24' 40" N / 126° 13' 38" E

비양도

제주도 서쪽 한림 앞 바다에 섬 중심부가 분석구로 이루어진 비양도가 있다. 분석구는 물이 없는 환경에서 만들어지는데, 바다 한 가운데에 분석구로 이루어진 섬이 있다는 것은 지질학적으로 흥미로운 일이다. 비양도 해안을 따라 산책로가 잘 꾸며져 있고 재미있는 지질현상이 산책로 가까이에 분포해 있어서 접근과 관찰이 용이하다. 비양도에서만 볼 수 있는 호니토(hornito)와 거대한 화산탄, 스코리아, 집괴암, 아아 용암동굴을 볼 수 있다. 또한 비양도는 용암 분출에 의해 형성된 비양봉 조면현무암과 스코리아 분출에 의해 형성된 비양봉 분석구로 구성되어 있다.

고려사(1451) 및 고려사절요(1452) 등의 기록에는 고려목종 5년(1002년)에 있었던 화산분출을 비양도 화산 활동으로 간주하는 사람들이 있다. 그러나 서기 1002년 현재와 같은 해수면에서 바닷물을 뚫고 올라온 뜨거운 마그마가 용암과 스코리아로 이루어진 현재의 비양도를 만들었다는 것은 지질학적으로 받아들이기 곤란하다. 또한 비양도 암석에 대한 Ar-Ar 연대 측정 결과 27±29Ka를 나타낸 것으로 볼때 비양도는 1002년 역사 기록과는 관련이 없는 섬이라 할 수 있다.

▲ 비양봉 분석구의 모습

호니토

비양도 선착장에서 동쪽 해안을 따라 500 m 쯤 가면 해안에 굴뚝처럼 서 있는 암석이 보인다. 큰 것은 굴뚝 모양이고, 작은 것은 팽이버섯 다발 모양을 하고 있다. 이것이 비양도에서만 볼 수 있는 호니토이다. 마그마(용암)에 있던 휘발성분이 폭발하여 마그마 물질을 화구 주변에 쌓아 넓이에 비해 높이가 높은 굴뚝 모양의 화산체를 만들면 호니토라 한다. 용암 알갱이들은 굴뚝 모양의 호니토 통로를 따라 흘러 내리기도 하고, 호니토 외벽에 흘러내리기도 하는데, 점점 휘발성분의 양이 줄어들면 폭발력이 약해져서 호니토 내부의 통로를 막아버리기도 한다.

또한 화구에서 흘러나온 용암은 표면이 굳게 되고, 내부는 휘발성분을 갖고 있는 용암이 분포하게 되는데, 용암 내에 있던 휘발성분이 굳은 표면에 생긴 틈으로 작은 알갱이의 용암을 낮은 높이로 분출하여 화구 주변에 계속 쌓아 굴뚝 모양의 호니토를 만들기도 한다. 비양도 북부 해안에 동서 방향으로 약 100 m 지역에 호니토가 줄지어 나타나는데, 이곳이 굳은 용암의 표면에 틈이 있었던 곳임을 알 수 있다.

▲ 비양도에서 볼 수 있는 호니토 (33° 24′ 43.7″ /126° 13′ 38.3″)

호니토 형성과정

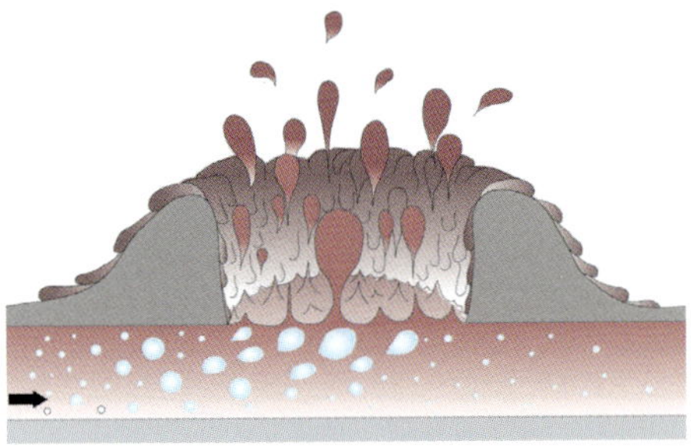

◀ 화구로 부터 흘러 나온 용암은 표면이 굳게 되고, 굳은 용암의 틈을 따라 가스와 작은 용암 덩어리가 분출하여 작은 화산체를 형성하게 된다.

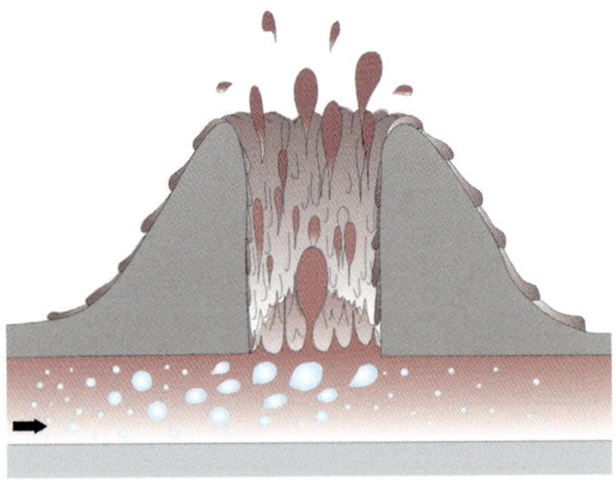

◀ 계속 가스와 작은 용암 덩어리가 분출하여 굴뚝 모양의 조그만 화산체를 만든다.

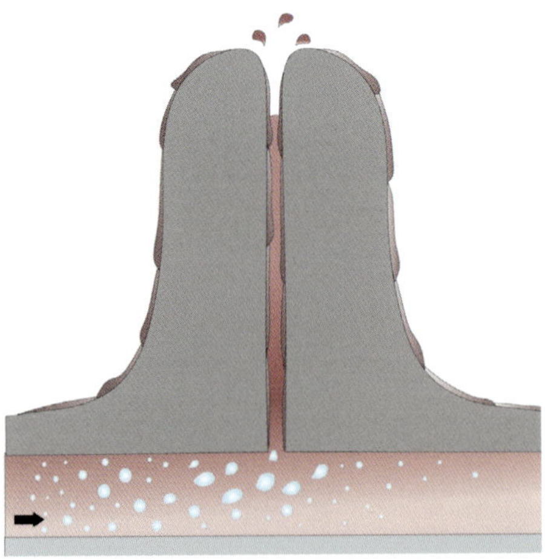

◀ 가스와 용암이 폭발하는 높이까지 굴뚝 모양의 화산체가 형성되고, 결국에는 굴뚝 모양의 내부는 용암으로 채워지게 된다.

▲ 가스와 용암이 분출하던 화구가 막히면 여러 갈래로 분출하여 팽이버섯 다발 모양의 호니토를 형성한다. (33° 24′ 43.8″ N/126° 13′ 38.1″ E)

▼ 가스가 분출하던 호니토의 내부는 굴뚝 모양을 이루고 있다. (33° 24′ 44.0″ N/126° 13′ 38.1″ E)

화산탄

호니토 분포지에서 해안을 따라가면 고구마 모양의 커다란 암석덩이들이 나타나는데, 이 암석 덩이가 화산 분출 때 나온 화산탄이다.

화산탄의 크기는 4 m에 이르기도 하는데, 무게는 대략 10톤 정도로 추정된다. 이렇게 큰 화산탄들이 이 지역의 해변에 집단을 이루면서 분포해 있는데, 큰 화산탄들이 터져 나올 때 화산폭발은 얼마나 강렬했을까? 화산탄은 분석구를 형성하는 화산활동 기간 중에 터져 나와 화구 주변에 쌓인 것이니 분명 화구가 가까이에 있었을 텐데, 화산탄만 남겨놓고 나머지 화산분출물은 어디로 갔을까? 층리를 보이는 분석구의 일부가 도로변에 남아 있고, 층리가 화산탄 분포지 반대쪽으로 경사를 갖는 것으로 보아 분석구의 대부분은 바닷물에 의해 깎여 나가고, 무거운 화산탄만 그 자리에 남겨진 것이다.

지금의 비양도를 이루고 있는 분석구 외에 또 다른 분석구가 비양도에 있었고, 바닷물이 거대한 분석구 하나를 전부 깎아 버렸다는 얘기다. 이미 깎여 나간 분석구의 외곽부에 해당하는 분석층이 층리를 갖고 도로변에 분포해 있다. 이 분석층에는 기공이 많은 갈색의 주먹 크기의 암편들이 있는데, 이것이 스코리아이다. 스코리아는 기공이 많아 대단히 가벼우나 부석과는 달리 물에 뜨지는 않는다. 분석층에는 20 cm 크기의 커다란 분석이 판상으로 분포하기도 한다

비양도 북부에는 화산탄이 판상으로 서로 엉켜 붙은 양상으로 나타나는데, 이는 화산탄이 터져 나올 때 굳지 않은 상태에서 지면에 밀착되어 판상으로 변형된 것으로 이러한 화산탄이 집적되어 암석이 되었을 때 집괴암이라 한다.

▲ 대형 화산탄을 사람의 크기와 비교해 볼 때 화산탄의 무게는 대략 10톤 정도로 추정되며, 이런 크기의 화산탄은 비양도에서만 볼 수 있다. (33° 24′ 38.7″ N/126° 13′ 23.4″ E)

▼ 비양도 북쪽 해안에는 다양한 모습의 화산탄이 곳곳에 널려 있다. (33° 24′ 38.4″ N/126° 13′ 23.4″ E)

◀ 화구 부근에 형성된 집괴암이 침식에 의해 비양도 북쪽 바다 가운데에 노출되어 있다. (33° 24′ 30.1″ N/126° 13′ 23.9″ E)

◀ 화구에서 조금 떨어진 부분에 형성되어 있는 집괴암으로 층리가 발달되어 있다. (33° 24′ 28.3″ N/126° 13′ 24.0″ E)

◀ 화구에서 조금 더 떨어진 부분에는 스코리아가 쌓임 (33° 24′ 41.9″ N/126° 13′ 34.3″ E)

▲ 비양도 조면현무암에 발달한 소규모 공동

18 협재사구

길찾기 명칭 | 협재해수욕장 | 33° 23' 37" N / 126° 14' 20" E

제주도에는 함덕해수욕장을 비롯하여 16 군데[1]의 해수욕장이 해안가를 따라 분포하고 있으며, 이들 해수욕장 내륙에는 모래언덕(사구, 砂丘)이 분포한다. 사구는 연안의 모래가 바람에 의해 내륙으로 운반되어 쌓인 언덕 지형을 말한다. 제주도에 분포하는 사구의 높이는 지역에 따라 차이가 있으나, 대체로 3~8 m 범위이며, 김녕·평대·하도리 일대의 사구 해안에서 6 km에 이르는 내륙지역에 약 1 km 폭으로 분포하고 있다. 제주도의 서부와 동부해안 지역에 사구가 발달하고 있는 것은 연안에 쌓여있던 모래가 겨울철에는 강한 북서 계절풍에 의해, 여름철에는 남동 계절풍에 의해 내륙으로 운반되었기 때문이다.

제주도 서쪽 한림읍 협재리 해안에는 이국적인 풍경을 자아내게 하는 해변이 드넓게 펼쳐져 있다. 에메랄드 빛깔의 바닷물과 하얀 조개껍질로 이루어진 백사장, 그리고 눈앞에 우뚝 솟아있는 비양도는 이곳을 찾는 사람들의 마음을 사로잡는다.

협재해변은 수심이 5 m 내외로 얕고, 주변에 하천도 발달하지 않아 해양생물 파편[2]으로 이루어진 깨끗한 모래사장이 넓게 발달해 있다. 협재사구는 지금으로부터 680~720년 전(1,200~1,300 AD) 협재해변에 쌓여있던 모래가 북서 계절풍에 의해 내륙으로 운반되어 만들어진 것이다. 이곳 사구층을 이루고 있는 탄산염 퇴적물의 방사성 탄소연대는 약 3,500 BP로 측정되었다. 따라서, 약 3,500년 전에 살았던 해양생물 파편들이 모래(탄산염 퇴적물)로 협재해변에 쌓여 있다가 지금보다 해수면이 조금 낮았던 약 700년 전에 바람에 의해 내륙 쪽으로 운반되어 사구층이 만들어진 것이다. 현재 협재리에서는 사구층을 개간하여 경작지로 이용하고 있다.

협재굴은 협재해변에서 약 300 m 거리에 위치해 있다. 이 동굴은 길이 약 100 m, 높이 6 m, 너비 약 12 m의 용암동굴로서, 부근의 황금굴(黃金窟, 길이 180 m) 및 소천굴(昭天窟, 길이 2,980 m)과 함께 1971년 천연기념물 제236호로 지정되었다.

각주)

1)이호, 삼양, 함덕, 김녕, 월정, 하도, 종달, 성산, 신양, 표선, 공천포, 중문, 화순, 하모, 협재, 곽지

2)연체동물(홍조류), 유공충, 성게류, 태선동물 등의 파편이 약 80%를 차지하고, 화산암편은 소량 포함되어 있음

▲ 협재굴 내부

협재굴에는 고드름과 같은 모양을 하는 '종유석'을 비롯하여 땅에서 자라 올라오는 '석순', 그리고 '석주' 등 여러 가지 종류의 동굴 생성물이 자라고 있다.

이처럼, 용암동굴인 협재굴에 석회동굴에서나 볼 수 있는 '종유석', '석순', '석주'가 자라고 있는 이유는 무엇 때문일까? 이 같은 궁금증에 대한 열쇠는 사구층에 있다. 협재굴 상부에 분포하는 사구층은 해양생물 파편들을 많이 포함하고 있는데, 빗물이 사구층 속에 있는 해양생물 파편을 용해하여 협재굴의 틈을 따라 동굴 속으로 오랜 시간 떨어져 내리면서 석회성분으로 이루어진 종유석은 물론, 석순과 석주와 같은 것들이 만들어지고 있다.

▲ 사구층에 포함된 패각이 빗물에 녹아 동굴내부로 흘러들면서 만들어진 종류석

▲ 협재해수욕장

19 노꼬메오름

길찾기 명칭 | 노꼬메오름 | 33° 23' 19" N / 126° 24' 39" E

노꼬메오름

노꼬메오름(제주시 애월읍 유수암리, 표고 834 m)은 주변의 노꼬메족은오름(표고 774 m), 궷(궤)물오름(표고 597 m)과 같이 오름군을 이루고 있다. 이들은 모두 외견상 말굽형 분석구로서, 노꼬메오름와 노꼬메족은오름은 북서쪽으로 트인 반면, 궷(궤)물오름은 동쪽으로 열린 방향을 가진다.

노꼬메오름은 애월 곶자왈 지대를 구성하는 조면현무암 조성을 지닌 아아 용암의 분출 근원지이다. 용암 시료에 대한 Ar-Ar 연대 측정 결과, 26.4±13.2Ka를 나타내어 약 2만 6천년 전의 화산활동으로 아아 용암이 분출한 것으로 해석된다.

▲ 말발굽형 분석구인 노꼬메오름의 전경

분화구의 굼부리 높이가 비대칭을 이루고 있는 노꼬메오름은 분화구 서쪽 내부 (표고 625~670 m), 약 1 m 두께에서 시작하여 최대 약 10 m 가량의 용암 절벽이 노출되어있다. 약 1 m 두께인 4~5매의 아아 용암이 상하 50 cm~1 m의 클링커층과 함께 노출되어 있어, 최대 5회 가량 화구로부터 용암이 분출되었음을 짐작할 수 있다.

▲ 노꼬메오름 분화내 노두위치를 나타내는 항공사진

▲ 노꼬메오름 분화구 서쪽 내부 약 10 m 가량으로 노출된 아아 용암 절벽으로, 최대 5회의 용암 분출 활동에 의하여 형성되었다. (33° 23′ 11.4″ N/126° 24′ 33.6″ E)

형태를 달리하는 분석구

화산 분화구로 부터 폭발에 의해 터져 나온 스코리아가 집적되어 만들어진 원추형의 화산체를 분석구라 한다. 분석구는 마그마에 들어 있는 가스가 폭발하여 만들어지는데, 마그마에 휘발성분이 적어지면 용암이 분출하게 된다. 이 용암은 분화구 내에 모여 용암호(lava lake)를 만들게 되는데, 용암은 스코리아보다 무겁기 때문에 분화구에 모여 있던 용암은 분석구 바닥이나 사면의 약한 틈을 따라 스코리아층을 붕괴시키면서 분화구 바깥으로 흘러 내려가게 된다. 스코리아는 용암에 비하여 매우 낮은 비중을 갖기 때문에 분석구에서 흘러나온 용암은 붕괴된 분석구의 일부분을 싣고 마치 뗏목과 같이 멀리까지 흘러가게 된다.

이 현상은 우유 컵에 후레이크를 넣고 컵을 기울여 우유를 쏟으면 우유 위에 후레이크가 떠서 흘러가는 양상과 유사하다. 이 결과 원추형의 분석구는 원래 제 모양을 잃게 되어 말발굽 혹은 초승달형 등의 모양을 갖게 된다. 제주도에 분포하는 분석구는 외형적 특징에 따라 말굽형, 원추형(예, 다랑쉬오름), 원형(예, 아끈다랑쉬오름) 그리고 화구가 두개 이상인 복합형 오름(예, 용눈이오름, 도너리오름)으로 나눌 수 있는데, 그 중 말굽형 오름은 약 50%에 달한다.

▲ 용암이 스코리아를 대부분 싣고 흘러가 초승달 모양의 분석구만 남아 있다. (늪서리오름 분화구 내부 모습과 위성 영상) (33° 26' 29.5" N/126° 39' 53" E)

말발굽형과 초승달형 분석구의 형성 과정

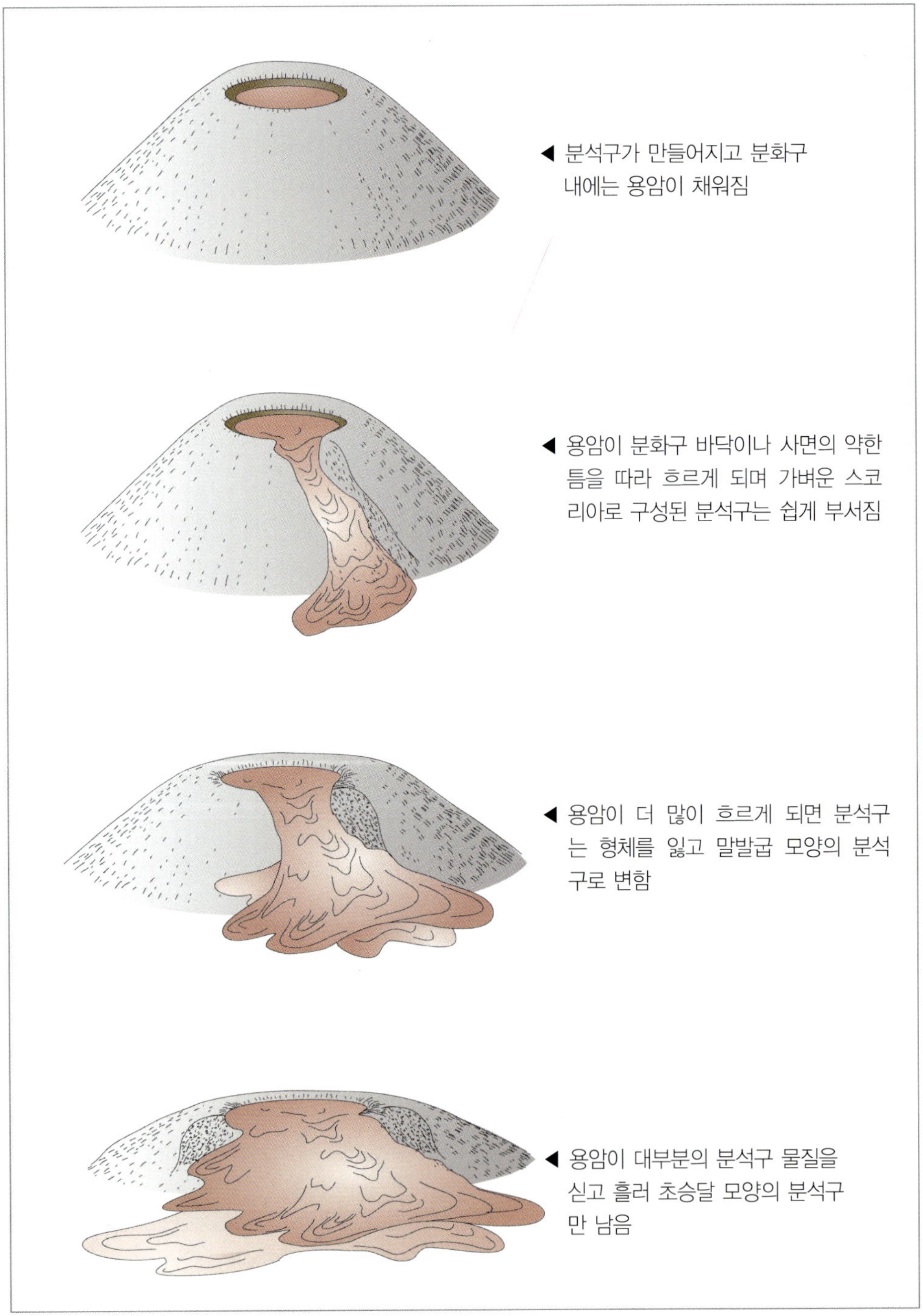

20 도두봉

길찾기 명칭 | 도두봉 | 33° 30' 27" N / 126° 28' 0.63" E

도두봉은 제주공항 북쪽 도두동 해안가에 위치해 있으며, 제주도내에서 관입암을 관찰할 수 있는 대표적인 곳이다. 해발 63.5 m의 도두봉은 서쪽 기저부는 응회암으로 이루어져 있고, 나머지 대부분은 스코리아로 이루어져 있으나, 북쪽과 서쪽 해안을 따라 용암이 분포하고 있다.

이 용암은 2~4%의 장석 반정과 더불어 휘석과 감람석 반정도 소량 함유되어 있다. 도두봉 관입암은 서쪽 해안을 따라 노출된 응회암층에 발달해 있다. 이 관입암은 SiO_2 48.02wt%, Na_2O+K_2O가 4.68wt%인 알칼리 현무암이며, Ar-Ar 연대측정 결과 410 ± 51Ka를 나타낸다.

▲ 응회암층을 뚫고 올라온 도두봉 관입암

관입암 경계면에는 뜨거운 용암이 응회암층을 뚫고 관입할 때 생겨난 열변질구조가 발달되어 있으며, 관입암은 응회암층을 뚫고 지표로 나와 있는 feeder dike 형태를 취하고 있다. 이 같은 feeder dike는 서귀포시 법환동 해안가에 위치한 '서건도(속칭 썩은섬)' 에서도 관찰할 수 있다.

도두봉 화산활동은 일차적으로 수성화산 분출에 의해 응회구 형태의 화산체가 만들어지면서 기저부에 응회암층이 형성되었고, 응회암층에 의해 물 공급이 차단되면서 화산분출 양식이 스트롬볼리형 분출(Strombolian Eruption)로 바뀌어 스코리아로 이루어진 분석구가 만들어지기 시작하였고 화구 내부의 가스압력이 감소했을 때, 용암이 북쪽 해안가로 흘러내려 가고, 일부는 응회암층을 관입해 feeder dike가 형성되었다. feeder dike의 Ar-Ar 연령이 410 ± 51Ka를 나타내는 것으로 미루어 볼 때, 도두봉은 서귀포층 퇴적이 끝나고 본격적인 화산활동이 시작된 시기에 형성된 오래된 분석구에 속한다.

도두봉 응회암층 노두는 서쪽(도두포구)에서 관찰할 수 있다. 동굴처럼 둥그렇게 파인 부분은 포구가 만들어지기 전에 파도의 침식에 의해 생긴 것이며, 응회암층 내부 모습이 잘 나타나 있다. 이 곳 노두에서는 소규모의 퇴적동시성 단층(syndepositional fault) 뿐만 아니라, 크고 작은 탄낭구조(bomb sag)를 관찰할 수 있다. 또한, 얕은 해저에 있던 둥근 자갈들이 오목하게 들어간 응회암층에 쌓여있는 것도 볼 수 있다.

▲ 도두봉 응회암층 가장자리에 렌즈상으로 협재되어 있는 역암층. 원마도가 좋은 자갈돌들은 얕은 해저에 있었던 것이 큰 파도에 의해 운반·퇴적된 것으로 보인다. 여러갈래로 관입한 암맥 (33° 29' 50.6" N/126° 284' 0.3" E)

▲ 도두봉 관입암 경계면

21 한라산

길찾기 명칭 | 한라산(백녹담) | 33° 21' 37.95" N / 126° 32' 08.50" E

백록담

한라산 정상부 북쪽에는 한라산 조면암이 분포하고, 조망대 지역에는 백록담현무암이 분포한다. 한라산조면암은 높은 점성을 갖고 돔상으로 솟아 한라산을 더 웅장하게 만들었다. 한라산 정상은 백록담현무암을 만든 용암이 마무리 하였다. 이 용암은 북동쪽으로 오등동까지 10 km, 남동쪽으로 신례리까지 11 km를 흘러갔다. 관음사 부근에 구린굴을 만들고, 곳곳에 밧줄구조를 남긴 것으로 보아 점성이 낮은 파호이호이 용암이었다. 용암분출 마지막에는 스페터를 내뿜는 격렬한 폭발이 있었는데, 스페터를 차곡차곡 쌓아 집괴암을 만들었다. 집괴암은 한라산 전망대 정상에서 관음사로 가는 등산로로 300 m 쯤에 있는데, 침식에 의해 만들어진 동굴 부분이 집괴암이다. 한라산 정상에서 남쪽으로 서귀포쪽으로 아아 용암이 만든 거친 지형을 볼 수 있고, 곳곳에 줄지어 있는 분석구를 볼 수 있다.

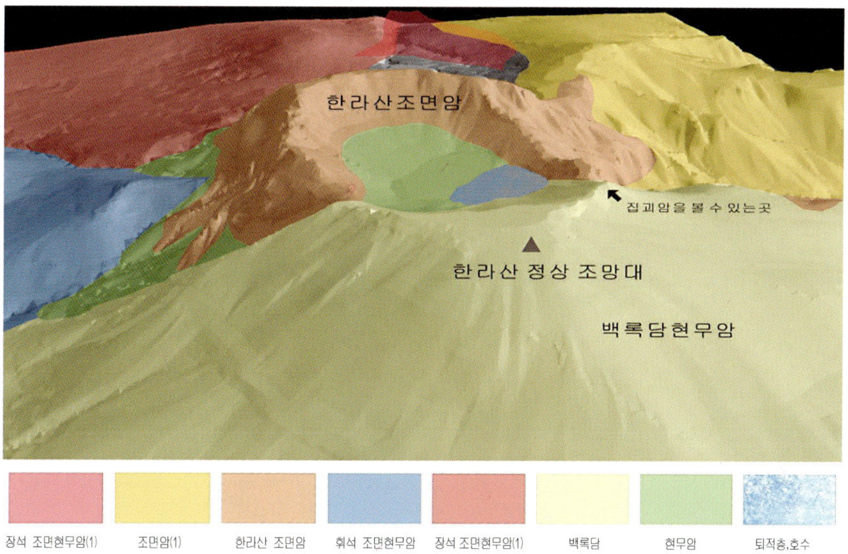

▲ 한라산 정상부의 지질 조감도

▲ 백록담 분화구 내부

▲ 남쪽 하늘에서 본 한라산 남벽과 방아오름 주변

▲ 백록담 남벽의 모습

▲ 관음사 등산로 주변에 있는 구린굴 입구

▲ 제주돌문화공원 전경

22 제주돌문화공원

길찾기 명칭 | 제주돌문화공원 | 33° 26' 59.13" N / 126° 39' 31.30" E

화산탄을 비롯하여 다양한 종류의 화산분출물을 한 곳에서 모두 볼 수 있는 곳이 있다. 바로 2006년 6월 문을 연 '제주돌문화공원'이다. 제주시 조천읍 교래리 중산간에 위치한 이곳은 제주도 지질의 종합 박물관이라고 해도 손색이 없을 만큼 전시물의 종류나 희소성 측면에서 타의 추종을 불허한다.

제주돌문화공원은 3,269,731 m^2(약 100만평)의 드넓은 땅위에 제주의 생성과 제주민들의 돌이용 문화를 보고 체험할 수 있는 공간으로 구성되어 있다. 제1코스는 제주도의 형성을 한 눈에 알아볼 수 있도록 제주도의 화산활동과 화산분출물, 화산동굴, 오름, 퇴적물, 지하수 등에 대한 내용을 전시하고 있는 돌박물관과 돌민속품 및 옹기류 야외전시장을 관람할 수 있다.

제2코스는 과거 제주민들이 돌문화를 엿볼 수 있는 고인돌과 선돌, 동굴유적, 대형맷돌과 주춧돌 등이 전시되어 있다. 특히, 야외전시장에서는 선사시대 때부터 돌을 실생활에 어떻게 이용해 왔는지를 시대별로 전되어 있을 뿐 아니라, 동자석과 석상들도 진열되어 있다. 또한 제 3코스는 지금은 거의 사라져버린 옛마을을 본따서 세거리집, 두거리집, 말방앗간 등를 배치하여 옛사람들의 삶을 엿볼수 있는 코스이다.

제주돌문화공원에서도 단연 눈길을 끄는 곳은 돌박물관 내 '돌갤러리'이다. 크고 작은 다양한 형태의 용암구(lava ball)를 비롯하여 화산탄, 용암수형(lava tree 또는 lava mold), 용암석순, 용암종유, 풍화작용을 받은 화산암, 사람이나 동물 모양의 화산암 등이 전시되어 있다.

▲ 돌 문화공연 내 '돌 갤러리' 입구와 화산탄 및 용암수형

▲ 제주 전통 초가와 돌을 이용한 민구돌

23 제주지하수

화산이 준 또 하나의 보물

제주도에는 연평균 2,061 mm에 달하는 많은 비가 내리지만, 연중 물이 흐르는 하천이 없다. 물이 잘 빠지는 다공질 화산암으로 제주도가 이루어져 있기 때문이다. 이러한 까닭에 과거 제주도는 물이 매우 귀한 섬으로 알려졌지만, 지하수를 개발해 이용하면서부터 물 부족 문제는 사라졌으며, '제주삼다수'가 국내 먹는샘물 시장을 석권하고 있다.

▲ 제주도에서 가장 높은 위치에 있는 '백록샘' 용천수

강수량의 45%가 지하수

제주도에 일 년 동안 내리는 빗물을 양으로 환산하면, 37억 6,900만 m^3에 달한다. 이 중 55%의 빗물은 증발산작용과 직접유출 과정을 통해 대기와 바다로 손실되어 버리고, 나머지 45%(16억 7600만 m^3)는 땅속으로 스며들어 지하수로 만들어지고 있다. 제주도의 지하수 함양율이 이처럼 높은 것은 투수성이 좋은 다공질 화산암으로 이루어져 있기 때문이며, 우리나라 내륙지역 평균 지하수 함양율(14.4%)보다 3배나 높다.

▲ 어승생저수지의 수원인 Y계곡 용천수

연간 이용할 수 있는 지하수량은?

제주도에서 지속 이용 가능한 지하수량은 얼마나 될까? 지하수를 너무 많이 퍼 올려 사용하면 바닷물이 침투할 위험이 있기 때문에 제주특별자치도에서는 1993년부터 16개 수역별로 '지하수 지속 이용 가능량(적정 이용량)'을 산정해 관리해 오고 있다. 제주도 전체적으로 1일 176만 8,000 m^3, 연간 6억 4,500만 m^3의 지하수를 이용할 수 있다. 즉, 지하수 함양량의 약 38%만을 이용하고 나머지는 지하수위 하강이나 해수침투 방지 등을 위해 바다로 흘러가도록 남겨두고 있다.

4가지 형태의 지하수

제주도는 작은 섬이지만, 180만년에 달하는 오랜 기간 진행된 화산활동에 의해 형성된 관계로 지역별로 지하 지질구조가 복잡한 편이다. 따라서, 지하수의 부존형태나 산출특성도 지하 지질구조를 반영하여 복잡하고 독특한 특징을 나타낸다. 제주도에는 기저지하수, 준기저지하수, 상위지하수, 기반암지하수의 4가지 형태의 지하수가 부존하고 있다.

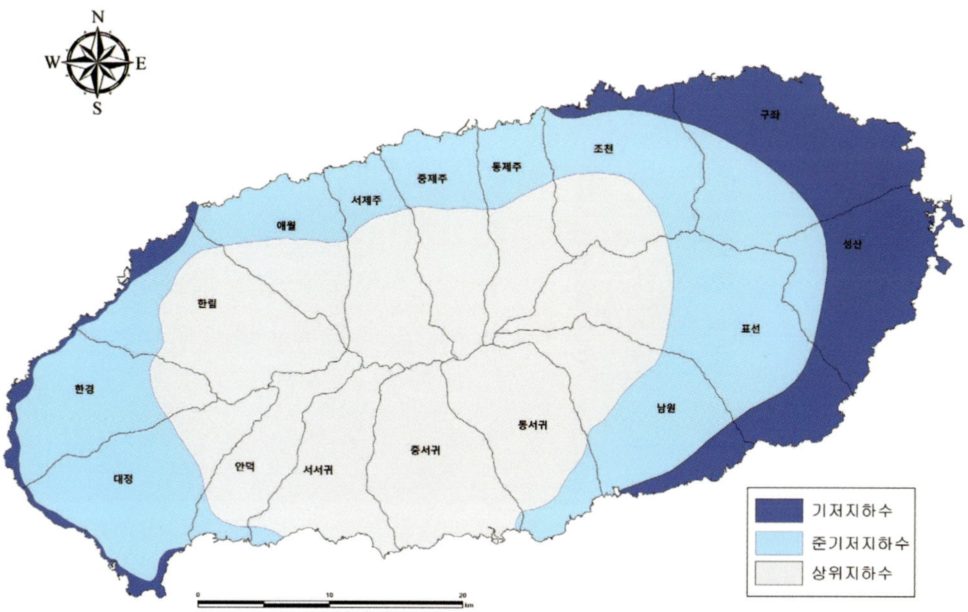

▲ 제주도 지하수 부존도

- ‘기저지하수’는 해수와 담수의 밀도 차이에 의해 담수지하수가 해수 위에 부존하는 형태의 지하수로서, 제주도 동부 해안을 따라 광범위하게 분포하고 있으며, 서부 해안지역에도 일부 분포하고 있다.
- ‘준기저지하수’는 해수면 하부에 대수층이 위치하고 있지만, 저투수성 지층의 발달로 인하여 해수와 직접 접촉하지 않는 지하수체를 말하며, 제주도 북부와 서부지역에 넓게 분포한다.
- ‘상위지하수’는 대수층이 해수면 상부에 위치하는 지하수체로서, 서귀포 일대의 남부지역과 중산간 및 고지대 지역에 분포하고 있다.
- ‘기반암지하수’는 제주도의 기반암인 응회암 및 화강암층에 부존하는 심부지하수로서, 평균 해수면하 약 500 m 이하의 깊은 곳에 분포하며, 온천으로 개발되는 경우가 있다.

물맛은 역시, 제주지하수

제주지하수는 대체로 경도가 낮고, 약알카리성을 띠고 있어 물맛이 담백할 뿐만 아니라, 커피와 차 맛을 좋게 하고 분유도 잘 풀린다. 제주지하수는 화산암층을 통과하면서 물-암석 반응을 통해 용해된 적당량의 광물질들을 함유하고 있어 물맛이 산뜻하고, 불쾌감이 없으며, 매일 마셔도 청량감을 느낄 수 있다. 이처럼, 대한민국 최고의 물맛을 자랑할 수 있는 것은 다음과 같은 수질적 특성을 지니고 있기 때문이다.

- 사람의 체액과 비슷한 약알카리성의 물이다.
- 경도가 낮은 부드러운 물이다.
- 바나듐, 실리카와 같은 건강에 좋은 미량성분을 함유하고 있는 물이다.
- 화산암층에 부존하고 있어 방사성물질이 거의 없는 안전한 물이다.
- 제주지하수는 평균 22년 된 물이다.

제주지하수의 상징 '제주삼다수'

'제주삼다수'는 제주지하수를 대표하는 먹는샘물 브랜드이다. 해발 440 m 지점에서 지하 420 m의 화산암층으로부터 끌어 올린 지하수를 이용해 만들고 있는 제주삼다수는 대한민국 먹는샘물 1위 자리를 꾸준하게 지켜오고 있다. 제주삼다수는 제주특별자치도가 100% 출자한 '제주특별자치도개발공사'에서 생산·판매하고 있으며, 판매 수익금은 제주특별자치도로 환원되어 지하수 보전·관리사업에 재투자되고 있다. 제주삼다수 사업은 제주지하수의 부가가치를 높여주고 있을 뿐 아니라, 제주의 물 산업을 견인하는 주력 분야로 성장을 거듭하고 있다.

▼ 제주삼다수 생산공장

용어 설명

- 감람석 (olivine) - 감람석은 Mg_2SiO_4와 Fe_2SiO_4의 고용체인 광물로 연녹색 내지 갈색을 띤다. 염기성 및 초염기성 화성암을 구성하는 광물중의 하나이며 풍화에 약하다.
- 거대연흔 (mega-ripple) - 파장이 1 m 이상 이거나 파고가 10 cm 인 물결 모양의 퇴적구조로 주로 모래 크기의 알갱이로 구성된 퇴적층에 나타난다.
- 거북등절리 (tortoise shell joint) - 절리면의 길이가 수 cm 정도인 조밀한 절리 집합으로 마치 거북이 등껍질 같이 나타나며 거북등절리 혹은 귀갑상절리라 한다.
- 건열 (mudcrack, suncrack) - 메마른 논바닥이 갈라진 것과 같은 현상을 건열이라 하며, 암석에도 보존이 되어 있다. 주로 이암에 잘 생기며 균열 사이의 틈새는 모래로 채워진다. 건열의 길이는 수 cm에서 수 m에 이르며, 형태는 육각형이 일반적이다. 건열의 단면은 아래로 향하는 쐐기 모양이다. 건열의 표면은 위로 말려 올라간 모양을 이루는데, 이러한 현상과 쐐기 모양으로 지층의 상하를 판단하는 지시자로 이용된다.
- 규산질 용결응회암 (acidic welded tuff) - 유문암질 마그마의 화산활동에 의해 생긴 화산쇄설물 (부석과 샤드, 2 mm 이하 크기의 부석과 부석 편)이 서로 엉켜 길게 늘어난 모양을 가진 응회암.
- 규암 (quartzite) - 주로 석영으로 구성된 사암이 높은 온도와 압력을 받아 석영 입자들이 알갱이 모양을 잃고 굳은 암석.
- 단성화산 (monogenetic volcano) - 단일 화산분화 활동으로 만들어진 화산체를 일컫는 용어로서, 과거 기생화산이라 불리었던 제주도의 수많은 오름들이 이에 해당한다.
- 대륙지각 (continental crust) - 대륙을 이루고 있는 지각을 말하며 두께는 30~80 km 이다. 주로 화강암질 암석으로 구성되어 있다.
- 라바토 (lava toe) - 굳은 파호이호이 용암의 앞부분에 생긴 틈새로 코끼리 발톱 모양으로 빠져 나온 소규모 용암.
- 마그마 (magma) - 지구 내부에 녹아 있는 돌. 마그마는 규산질의 용액, 결정, 가스로 구성되어 있다.
- 마르 (maar) - 폭렬공이라고도 하며, 마그마와 지하수의 접촉으로 인한 수성화산폭발로 인해 만들어진 분화구의 기저면이 지표면 아래로 깊게 패여 있는 화산체를 일컫는다. 분화구는 주변암이 파여 만들어진 파괴 지형이며 대부분 물이 채워져 화구호를 이룬다.
- 맨틀 (mantle) - 지각과 핵 사이 구간(지각하부에서 2,900 km 까지)으로 어느 정도의 점성이 있는 초염기성 암석으로 구성되어 있다.
- 물결자국 (연흔, ripple mark) - 실트로부터 0.7 mm 이하의 크기를 갖는 퇴적물이 물에 의해 운반되어 파동 형태를 이룬 구조로 갯벌과 강가에서 흔히 볼 수 있으며 암석에도 기록되어 있다.

- 밧줄구조 (ropy structure) - 용암이 흐르며 굳은 표면이 밧줄 모양으로 주름져 만들어진 구조로 파호이호이 용암에서 흔히 생긴다.
- 방패형화산 (shield volcano) - 현무암질 용암이 분출하여 만든 화산의 경사가 5° 이하인 거대한 화산.
- 베게용암 (pillow lava) - 물속에 용암이 흐르면서 형성된 베게 모양의 용암. 단면에서 보면 부푼 빵 모양으로 방사상 절리가 있다. 베게 모양의 암석 가장자리는 유리질로 피복되어 있다.
- 복합용암류 (compound flow) - 같은 시기에 여러번 용암이 흘러 겹겹이 쌓인것.
- 부가화산력 (accretionary lapilli) - 화산이 분출 할 때 빗방울에 화산회가 뭉치거나 전기력에 의해 뭉쳐진 2 mm 보다 큰 동심원상의 화산재 덩어리.
- 부정합 (unconformity) - 상당 기간 동안 퇴적이 중단되어 상하층이 구분되는 면.
- 분급 (hydraulic sorting) - 유체의 흐름에 비슷하게 반응한 입자들을 모으거나 서로 다르게 반응하는 입자들을 분리시키는 작용.
- 분석구 (scoria cone) - 화구 주변에 분석을 주로 한 화산쇄설물이 언덕 모양으로 쌓인 화산체
- 비늘구조 (imbrication) - 넓적한 역들이 물에 의해 운반 퇴적 되면서 역의 장축 또는 중축 방향이 상류 쪽으로 경사져서 비늘 모양으로 배열된 퇴적구조.
- 사구 (dune) - 바람이 모래를 운반하여 쌓아 만든 언덕.
- 사암 (sandstone) - 모래가 굳어서 된 암석으로 소량의 자갈과 점토가 들어 있다. 모래는 주로 석영, 장석, 운모로 구성되어 있다.
- 사장석 (plagioclase) - 화성암을 구성하는 가장 흔한 광물 중의 하나로서, $Ab(NaAlSi_3O_8)-An(CaAlSi_2O_8)$의 고용체이며, 은색이나 백색을 띤다.
- 사층리 (cross-bed, cross-laminae) - 바람과 물에 운반된 퇴적물이 든 경사 구조.
- 생흔구조 (biogenic structure) - 퇴적 기간 중에 살았던 동식물이 남긴 구조.
- 수성화산분출 (hydrovolcanic eruption) - 물과 마그마의 혼합으로 발생하는 화산활동으로, 낮은 입자 농도를 갖는 화쇄난류가 발생한다.
- 스코리아 (scoria) - 분석
- 스큐즈업 (squeeze up) - 용암이 흐르던 중 내부에 있던 용암이 약대를 따라 관입 내지는 치약을 짜듯이 흘러나온 현상.
- 스트롬볼리안 (strombolian) - 이탈리아의 스트롬볼리 화산의 이름을 따서 명명하였으며, 수초 내지는 수시간 간격으로 폭발이 일어나 스코리아와 화산재를 화구 주변에 쌓아 원추형의 분석구를 만듬.

용어 설명

- 스페터 (spatter) - 온도가 높고 물렁물렁한 화산쇄설물이 터져나와 지면 또는 호산사면에 떨어지면서 납작하게 되어 굳은 화산쇄설물.
- 아아 용암 (aa lava) - 현무암질 용암의 한종류로 점성이 높아 유동성이 낮은 용암. 아아 용암을 중심부는 치밀한 용암루로 그 상부 및 중부 전단부는 표면이 거친 클링커층이 나타난다.
- 안식각 (angle of repose) - 모래나 자갈과 같은 입상의 물질이 사태를 일으키고 난 뒤 형성된 각도.
- 암경 (volcanic neck) - 화산의 화도였던 구멍에서 분출하지 못한 용암이 굳어 버린 기둥 형태의 암석.
- 암권 (lithosphere) - 지각과 맨틀 상부의 굳은 암석으로 된 구역으로 지표에서 100 km 깊이까지의 범위가 암권이다.
- 역암 (conglomerate) - 둥근 자갈들의 사이를 모래나 점토가 충진하여 굳은 콘크리트 같은 암석.
- 열점 (hot spot) - 맨틀로부터 올라온 현무암질 마그마 활동이 유난히 활발한 지역.
- 용암 (lava) - 화산활동과 관련되어 지표로 뿜어 나온 용암. 지표에 흐른 마그마.
- 용암동굴 (lava tube) - 용암의 표면이 지붕처럼 굳어버리고, 그 밑을 흐르던 용암이 빠져나가 생긴 동굴.
- 용암통로 (lava channel) - 용암이 흘렀던 통로 혹은 용암으로 채워진 통로.
- 용암호 (lava lake, lava pond) - 분화구 혹은 낮은 지형에 모인 용암이 호수처럼 고인 곳.
- 유동구조 (flow structure) - 용암이 흐르면서 평행하게 형성된 구조.
- 유리쇄설암 (hyaloclastite) - 물과 만난 마그마 혹은 용암이 급냉하며 만들어진 유리질 조각이 깨어져 굳은 암석.
- 응회구 (tuff cone) - 수성화산 분출에 의해 높이가 50 m 이상이고, 층의 경사가 25° 보다 급한 화산체.
- 응회환 (tuff ring) - 수성화산 분출에 의해 높이가 50 m 이하이고, 층의 경사가 25° 보다 완만한 화산체.
- 이암 (mudstone, mudrock) - 뻘과 점토로 구성된 암석으로 층리나 얇게 쪼개지는 성질이 있다.
- 인테브러춰 (entablature) - 주상절리가 발달한 암체의 윗부분에 주상절리가 가늘고 불규칙하게 발달한 부분.
- 조면안산암 (trachyandesite) - SiO_2 함량이 53~63 wt%, Na_2O+K_2O 함량이 6~11 wt% 범위에 해당하는 미립질의 화산암.
- 조면암 (trachyte) - SiO_2 함량이 55~69 wt%, Na_2O+K_2O 함량이 6.5 wt% 이상인 미립질의 화산암.
- 조면현무암 (trachybasalt) - SiO_2 함량이 45~52 wt%, Na_2O+K_2O 함량이 5~7 wt% 범위에 해당하는 미립질의 화산암.

- 주상절리 (columnar joint) - 화산암에 주로 형성되는 기둥 모양의 절리.
- 지각 (crust) - 지구 표면을 덮고 있는 5~60 km 두께의 암석으로 되어 있는 구간.
- 치약구조 (tooth-paste) - 파호이호이 용암이 좁은 구역을 흐르다가 아아 용암으로 변하는 곳에 나타나는 구조로 치약을 짜 놓은 모양임.
- 카러네이드 (colonnade) - 주상절리가 형성된 암체의 아랫부분에 큰 기둥처럼 주상절리가 잘 발달해 있는 부분.
- 칼데라 (caldera) - 화산 활동에 수반된 함몰로 인해 형성된 지름이 1 km 보다 큰 원형 구조.
- 크라스토제닉용암 (clastogenic lava) - 용암분출시에 터져나온 고온의 화산쇄설물이 집적되어 다시 용암으로 변해 흐른 것으로 스페터의 외형이 관찰된다.
- 크립토돔 (cryptodome) - 마그마가 화산체의 지표 가까이 관입한 암체로서 주변의 암석이나 토양층을 돔 형태로 부풀게 한다.
- 탄낭구조 (bedding sag, bomb sag) - 암편 혹은 화산탄이 응회암에 떨어져 층리를 아래로 오목한 주머니 모양으로 변형시킨 구조.
- 퇴적동시성단층 (syndepositional fault) - 퇴적 기간 중에 발생한 단층으로, 단층면에는 단층 각력이 없으며, 단층이 퇴적층에 의해 피복된다.
- 투물러스 (tumulus) - 내부에 있는 용암이 굳은 표면을 부푼 빵 모양으로 들어 올려 만든 구조.
- 파동형층리 (wavy bedding) - 물결 모양의 층리 구조.
- 파호이호이 용암 (pahoehoe lava) - 현무암질 용암의 한종류로 점성이 낮아 유동성이 높은 용암으로 표면이 매끄럽고 넓은 지역을 덮는다.
- 평행층리 (parallel lamination) - 평탄하고 서로 평행한 층리면(표면)을 갖는 퇴적암 구조.
- 플라이스토세 (Pleistocene) - 180만 년 전부터 10,000년 사이의 지질 시대.
- 플라이오세 (Pliocene) - 530만 년 전부터 180만 년 전 사이의 지질 시대.
- 피복화산력 (armoured lapilli) - 암편을 화산재가 겹겹이 피복하여 원형으로 형성된 2~64 mm 크기의 화산력.
- 피트분화구 (pit crater) - 화산체의 중심부(혹은 정상부)가 수직으로 침강한 함몰 구조로 직경이 1 km 이하 이다.
- 해양지각 (oceanic crust) - 해양을 이루고 있는 부분의 지각을 말하며 두께는 6~20 km 이다. 주로 현무암질 암석으로 구성되어 있다.
- 해저 산맥 (Midocean ridge) - 해양지각이 갈라지는 해저 지역에 현무암질 용암이 분출하여 만든 산맥. 아이슬랜드는 해저산맥이 수면위로 나와 있는 대표적인 예이다.
- 핵 (Core) - 지표에서 2,900 km 지점부터 지구 중심까지를 핵이라 한다. 핵은 외핵과 내핵으로 나누며, 내핵은 지구 중심에서 반경 1,300 km 구간이다.

용어 설명

- 현무암 (basalt) - SiO_2 함량이 45~52 wt%, Na_2O+K_2O 함량이 5 wt% 이하에 해당하는 미립질의 화산암. 제주도의 현무암류는 SiO_2와 Na_2O+K_2O의 조성비에 따라 알칼리현무암, 전이질현무암, 톨레이아이트질 현무암으로 구분된다.
- 현무암질조면안산암 (basaltic trachyandesite) - SiO_2 함량이 49~55 wt%, Na_2O+K_2O 함량이 5~7 wt% 범위에 해당하는 미립질의 화산암.
- 호니토 (hornito) - 용암 내의 가스 분출에 의해 화산쇄설물이 화도 주변에 급경사로 쌓인 소규모 화산체.
- 화강암 (granite) - 마그마가 지하 깊은 곳에서 서서히 식어 만들어진 현정질인 등립질 암석. 장석, 석영, 운모로 구성 되어있다.
- 화도 (vent) - 용암 혹은 화산쇄설물이 뿜어 나온 구멍.
- 화산 (volcano) - 지하 깊은 곳의 용융 물질이 구멍이나 틈을 통해 녹은 돌, 가스, 화산회를 지표로 분출하는 곳.
- 화산력 (lapillus) - 화산 폭발에 의해 형성된 2～64 mm 크기의 돌부스러기.
- 화산쇄설물 (pyroclast) - 화산 폭발에 의해 형성된 암석 부스러기.
- 화산쇄설암 (pyroclastic rock) - 화산쇄설물이 굳어서 만들어진 암석.
- 화산재 (volcanic ash) - 화산 폭발에 의해 형성된 2 mm 이하 크기의 돌부스러기.
- 화산체 (volcanic edifice) - 화산분출물이 화구 주변에 쌓여 만들어진 산체.
- 화산탄 (volcanic bomb) - 용암이 공중에서 회전하며 고구마 모양을 이루어 떨어진 것.
- 화쇄난류 (pyroclastic surge) - 폭발적인 화산분출에 의해 형성되어 지면을 따라 빠르게 흘러가는 저농도의 화산 기원 중력류.
- 휘발성분 (volatiles) - 마그마에 들어 있는 기체 성분으로 수증기, 이산화탄소, 아황산가스 이다.
- 휘석 (pyroxene) - 칼슘, 마그네슘, 철, 티탄, 알루미늄 등을 함유하는 규산염 광물로서, 사방정계에 속하는 사방휘석과 단사정계에 속하는 단사휘석으로 구분된다. 주로 염기성 및 초염기성 화성암을 구성하는 주요 광물이다. 제주도의 화산암에서는 단사휘석에 속하는 보통휘석을 흔히 볼 수 있는데, 흑색 혹은 갈색을 띤다.
- U-자형 하도구조 (U-shaped channel structure) - 화산 활동 기간 중에 화쇄난류 혹은 유수에 의해 깍여 생긴 U자형 침식 계곡.
- V-자형 하도구조 (V-shaped channel structure) - 유수에 의해 깍여 생긴 V자형 침식 계곡.

찾아보기

찾아보기

| ㅈ |

| ㅊ |

| ㅋ |

| ㅌ |

찾아보기